# ゼロからわかる 物理

志村史夫 著

丸善出版

# まえがき

　世の中に「物理は難しい」あるいは「物理は面白くない」と思っている人が少なくないのは事実であろう。最近は「理系」に属する（と思われる）人でも「物理は勉強したことがない」という人が増えているくらいだから、自分のことを「文系」と思っている多くの人にとっては「物理なんて、とてもとても」というのが正直な気持ちかも知れない。

　しかし、ここで私は声を大にして「本来、物理は誰にとっても面白いものであり、それほど難しいものではないし、物理がちょっとでもわかると日常生活さらには人生がとても楽しく豊かになる」ということを申し上げたいのである。

　少なからずの人が、学校で習う物理のことを「面白くない」、「難しい」と思ってしまったのは、まさに学校で習う物理の教科書と授業（申し上げにくいが、先生）のせいであろうと思う。たしかに、自分自身のことを振り返ってみても、学校で習った物理は、それが難しかったかどうかはさておき、あまり面白くなかったのは事実である。

　まずはっきりしていることは「面白くない物理」の典型が「入試のための物理」であることだ。なにも物理に限ったことではないのであるが、「入試」に要求される最も重要なことは、事項や公式を理屈抜きに暗記し、「問題」の「答」（それは必ず存在する！）を機械的に、そして効率よく見つけることである。

　しかし、これらの「最も重要なこと」は、物理を含む自然科学を学ぶ、そして究極的には楽しむ上で「最も不要なこと」であるばかりでなく「最も避けなければならないこと」なのである。自然科学を学ぶ第一歩は「自然に接すること」だが、そのとき、最も重要なことは、まずは理屈抜きに感動すること、そして「なぜだろう」と不思議に思うことであり、事項や公式の「暗記」などとはまったく無縁のことなのである。

　そして、自然科学の面白さは「理屈を考える」ことにある。人間の智慧と比

べれば、自然はきわめて雄大、不可思議であり、「答が機械的に見つかる」ものなど少ないのだ。長年、物理の分野で仕事をしている私自身、まだまだ「わからないこと」だらけなのである。

　また、自然の雄大さや不可思議さから離れても、日常生活に密接に関係する「面白い物理」は少なくない。ただ、私たちは、それらを意識することはないし、気づかないだけである。

　たとえば、波って何か、音って何か、光って何か、色って何か、虹はどうやってできるのか、交通信号の「止まれ」はなぜ赤なのか、丸い地球の海の水がなぜこぼれないのか、宇宙船はなぜ地球を周回できるのか、包丁はなぜ切れるのか、などなど、数え出したらキリがない。

　正直に申し上げれば、本書は「入試」に役立つようなものではないと思う。タイトルの通り「ゼロからわかる」物理を述べようとするものである。そして、読者に物理の面白さ、楽しさを実感していただき、前述のように、究極的には日常生活さらには人生を楽しく豊かにしていただきたいと願うものである。

　私は、もし物理が本当に難しく、面白くないものであるならば、「物理は難しい」、「物理は面白くない」ままで仕方ないと思う。しかし、先入観を捨てて、本書を最後まで読めば、100％とはいわないまでも80％の読者に「物理って、そんなに難しくないし、けっこう面白いものだなぁ」と思っていただけるだろうという自信がある。

　本書は何よりもまず、物理に親しみ、物理に興味を持ってもらうことを目的とする。興味が拡がり、さらに勉強を深めたいと思う読者のために、各章末に＜さらに理解を深めるための参考書＞を掲げるが、これらは拙著も含み、私自身が知るものの中から、私の独断で選んだものに限られることをあらかじめ御容赦願いたい。当然のことながら、私が知る本には限りがあり、たくさんの良書が出版されていることはいうまでもない。それらを読者自身が探し出すことも、勉強の一つと考え、さらに高度な内容の物理に進んでいただければ、本書の著者として、望外の喜びである。

　この「まえがき」を閉じるにあたり、牧野富太郎（植物学者、1862-1957）のすばらしい言葉を、本書を手に取っていただいた読者にプレゼントしたい。

人の一生で、自然に親しむことほど
有益なことはありません。
人間はもともと自然の一員なのですから、
自然にとけこんでこそ、
はじめて生きているよろこびを
感ずることができるのだと思います。
自然に親しむためには、まずおのれを捨てて
自然のなかに飛び込んでいくことです。
そしてわたしたちの目に映じ、耳に聞こえ、
はだに感ずるものをすなおに観察し、
そこから多くのものを学びとることです。

さぁ、まずは「ゼロからわかる物理」に飛び込んでいただきましょう。

2011年盛夏　　　　　　　　　　　　　　　　　　　　志村史夫

# 目　次

## 第1章　序　論　〜自然現象と人類の叡智〜

### 1・1　自然科学を学ぶ意味 ……………………………………………… 1
科学的態度／知識と智慧

### 1・2　数と物理量 …………………………………………………………… 4
さまざまな数／物理量／単位と記号

### 1・3　自然現象と数式 …………………………………………………… 9

## 第2章　運動と力　〜宇宙船内は無重力か？〜

### 2・1　速さと速度 ………………………………………………………… 11
速さ／速度／相対的な速さ／加速，減速と加速度

### 2・2　力と運動 …………………………………………………………… 16
重さと質量／運動を生む力／圧力／運動量／力積

### 2・3　落　下 ……………………………………………………………… 24
自由落下／万有引力／鉛直投げ上げ運動と放物運動／
地球を周回する人工衛星，宇宙ステーション／無重力状態？

### 2・4　等速円運動 ………………………………………………………… 34
等速円運動／弧度法／角速度

## 第3章　振動と波　〜ウェイビングと膨張宇宙論〜

### 3・1　単振動 ……………………………………………………………… 39
バネ振動／バネ振動の等時性／単振り子／等速円運動と単振動

### 3・2　波の性質 …………………………………………………………… 47
波の発生／波の本質／波の定量的記述／横波と縦波

### 3・3　音 …………………………………………………………………… 55
音の3要素／楽器の音／弦の振動／音波の速さ

### 3・4　波動現象 …………………………………………………………… 62
ホイヘンスの原理／回折／干渉／ドップラー効果

## 第4章 光と色　〜物には色がない？〜

### 4・1 光 ............................................................ 67
光の伝播／光とは何か／反射／屈折／電磁波

### 4・2 色 ............................................................ 78
光のスペクトル／虹／色とは何か／物には色があるか／青い空／
朝日と夕日

## 第5章 物質の構造と性質　〜同じ炭素でも……〜

### 5・1 物質の根源 ............................................... 89
物質の究極／原子の構造／元素／電子の配置と軌道／原子の結合

### 5・2 さまざまな物質 ........................................ 96
固体・液体・気体／結晶／同じ炭素でも／宝石

## 第6章 仕事とエネルギー　〜すべての活動の源泉〜

### 6・1 仕　事 ..................................................... 105
エネルギーと仕事／仕事の原理

### 6・2 さまざまなエネルギー ............................. 108
エネルギー変換／エネルギー保存則と質量保存則／
エントロピーとエネルギーの発散

### 6・3 力学的エネルギー .................................... 113
位置エネルギー／運動エネルギー／全力学的エネルギー

### 6・4 熱エネルギー ........................................... 115
熱／絶対温度／熱の移動／熱量と比熱／熱の仕事

### 6・5 核エネルギー ........................................... 120
原子の構造とエネルギー／同位体／不安定な原子／核分裂／核融合

### 6・6 太陽エネルギー ........................................ 125
太陽エネルギーの利用／光エネルギー／太陽光発電

## 第7章 電気と磁気 〜モーターはなぜ回るのか〜

### 7・1 電　気 ……………………………………………………… 129
電荷／電気力と電気力線／水流と電流／電力

### 7・2 磁　気 ……………………………………………………… 135
磁荷と磁力線／磁気力と磁界

### 7・3 電気と磁気の相互作用 …………………………………… 136
電磁誘導作用／マクスウェルの電磁方程式／発電とモーター

## 第8章 古典物理学と現代物理学 〜ニュートンとアインシュタイン〜

### 8・1 マクロ世界とミクロ世界 ………………………………… 143
自然界の大きさ／古典物理学と量子物理学／ミクロ世界の「非常識」／ミクロ世界とマクロ世界とのつながり

### 8・2 量子物理学の世界 ………………………………………… 147
エネルギーの連続性と非連続性／不確定性原理／電子雲／ミクロ粒子の二重性／物質波

### 8・3 自然観革命 ………………………………………………… 155
古典物理学から現代物理学へ／実在と客観性／絶対時間・絶対空間の否定／因果律／相補性

### 索　引 …………………………………………………………… 161

# 序論 ～自然現象と人類の叡智～　第1章

## 1・1　自然科学を学ぶ意味

**科学的態度**

　私たちは、生涯、いろいろなことを勉強するのであるが、何のために勉強するのであろうか。もちろん、個人によって、時期によって、また内容によって、その理由はさまざまである。たとえば、必ずしも「その道」の専門家になるわけではない一般人が、多分、日常生活で実際に使うことはないと思われる高等数学や物理学を学校で履修するのはどうしてなのか。

　簡潔にいえば、私は「科学的態度」を身につけるためだと思う。科学的態度の土台は自分自身の観察、客観的事実、先人の知識の積み重ねであり、科学的態度とはこれらを総合的、論理的に"きちんと筋道立てて考える"態度である。

　自然科学の分野で、いままでに幾多の天才が現われているが、中でも、文句なく"天才中の天才"と呼んでよいのはニュートンである。17世紀から18世紀にかけて、物理学、数学、天文学の体系を建設したイギリスの科学者である。この大天才・ニュートンが「もし、私がほかの人よりも遠くを見ることができるとすれば、それは、私が巨人たちの肩の上に乗っているからだ」といっているが、私は、ニュートンの、この謙虚で、科学についての的確な言葉が大好きである。ニュートンがいう「巨人たち」というのは、ニュートン以前のアリストテレス、コペルニクス、ガリレイ、ケプラーらの自然哲学者、科学者たちのことである。ニュートンが物理学、数学、天文学を体系化できたのは、もちろんニュートン自身の天才性に負うところが大きいが、先人たちの努力、その結果としての知識が土台になっているのである。そのことを、ニュートンは謙虚に「巨人たちの肩の上に乗っている」といっている。そして、ニュートンの肩の上に乗るのがファラデイ、マクスウェル、ローレンツ、アインシュタインらの科学者である。このように、科学は人類の叡智の積み重ねなのだ。もちろん、科学は万能ではないし、科学的に理解できないことはまだまだたくさんある

が、積み重ねられた叡智が簡単には崩れることはないし、私たちが"筋道立てて考える"上で、十分に信頼できる基盤である。

たとえば、現在、私たち人類はさまざまな地球規模の"環境問題"に直面しており、これらの真の解決を目指すならば、それらの問題の本質を科学的に冷静に考えることが重要である。その第一歩は本書でも扱う物質とエネルギーを科学的に理解することであろう。

また、私たちは、物事をきちんと筋道立てて考える科学的態度によって、最近跡を絶たない、さまざまな"詐欺"や"ニセ科学"の被害から自分の身を守ることは簡単である。

日常生活のさまざまな場面で、きちんと筋道立てて考える科学的態度は、物事を見誤らないための強力な"武器"となる。

## 知識と智慧

いままでに人類が獲得した情報収集手段を歴史的に、またきわめて概略的に列挙すれば、直接観察・見聞 ⇒ 書籍（写本 ⇒ 印刷物）⇒ ラジオ（音声）⇒ テレビ（音声と映像）⇒ インターネット（マルチメディア）となる。これは、そのまま、情報収集の「効率」と「容易さ」の向上の順番である。

まず、書籍のお蔭で私たちは時間（時代）と空間（地域）を超えた情報を得ることができるようになった。さらに、活字と印刷術の発明は情報を量ばかりでなく、時間的、空間的にも著しく拡大した。そして、テレビは人類の知識量を飛躍的に増大させた。最近は、パソコンあるいは携帯電話を通じてインターネットを利用すれば、ありとあらゆるタイプの情報が瞬時に、きわめて容易に得られるようになっている。

しかし、人間の脳の活動と情報の意味化において、文字メディアとテレビのような映像メディアとは根本的に異なる。

文字メディアの場合、まず文字を、そして読むことを学び、習得しなければならない。また、文字という、それ自体は具体的な"像"を持たない記号の羅列である文、文章から場面や状況や内容を自分自身の頭の中で具体化しなければならないのである。自分自身による"想像"、"組み立て"の作業が必要なのだ。そのためには"心の眼"が不可欠である。

ところが、映像メディアは、具体的な像を音声つきで与えてくれる。"想像"のような作業は一切不要である。したがって、その分、知識の増量は容易で迅速となる。

　この"想像"の作業が必要であるか否かは、脳の活性化、智慧の発達のことを考えれば、決定的な違いである。情報通信技術（ICT）の発達によって、人間は知識を飛躍的に増したのであるが、それに比例して智慧を低下させたように思われる。智慧は自分の頭で考えることによって身につく能力だからである。ちなみに"知識"は「ある事項について知っていること」で、"智慧"は「物事の道理を悟り、適切に処理する能力」である。

　フランスの思想家・モンテーニュ（1533-92）が「知識がある人はすべてについて知識があるとは限らないが、有能な人はすべてについて有能である」といっているが、その通りである。また、ニュートンと並び称される物理学者・アインシュタインは「想像力は知識よりも重要である。知識には限界があるが、想像力は世界を包み込むことさえできるからである」といっている。

　私は、読者のみなさんに、世界を包み込むことさえできる想像力、物事の道理を悟り、適切に処理できる智慧を身につけていただきたいと思う。このような想像力や智慧は、教科書を暗記してもけっして身につかない。"筋道立てて考える"ということこそ智慧の真髄である。

　もちろん、私は「知識は不要である」などといっているのではない。私たちが"勉強"によって学ぶべきことは、"考える"基礎となる"普遍的な土台"である。教科書に書いてあることを、そのまま機械的に暗記しても（テストの好成績にはつながるかも知れないが）、それだけでは現実的生活の上で何の役にも立たないのである。

　誰にとっても「暗記」は楽しいことではないが（少なくとも私は大嫌いである）、「自分の頭で考えること」は楽しいし、人生を豊かにしてくれる。つまり、智慧は人生を楽しく、豊かにしてくれるのである。また、智慧の有無は人生の「成否」を分けることも確かである。念のために書いておくが、ここで私がいう人生の「成否」の要素は「出世」できるかどうか、「金持ち」になれるかどうか、というようなことではなく（そのようなことも人生の「成否」の一要素であることは確かであろうが）、人生の充実さ、（物心両面の、究極的には心の）

豊かさのことである。

私は、"考える"原動力は"疑問を持ち続けること"だと思っている。

結局、私は、子どもの頃のような「なぜ？」という問いこそ、人に物事を考えさせ、人生を飽きさせないエネルギーの源だと思う。そして、その「なぜ？」は常識や先入観にとらわれない素直な観察から生まれると思う。その"素直な観察"の基盤は"感性"である。

物理に親しむことは、そのような感性を磨くことでもある。

## 1・2 数と物理量

### さまざまな数

そもそも数は、物を数えたり、物の大きさを考えたりする必要性から生まれたものである。基本的なのは1、2、3、……という数である。このように1から始まり、次々に1を加えて得られる数を総称して自然数と呼ぶ。一般に、自然数は

　　1、2、3、……、$n$、……

というように表わされる。まさに自然な数である。

何もないことを表わす数は"ゼロ(0)"で、1という自然数は「0より1だけ大きい数」であり、2という数は「0より2だけ大きい数」ということができる。

それでは、ゼロ(0)より小さな数はどうすればよいのだろうか。

もちろん、物体を「1個、2個、……」と数える場合には"0より小さな数"は不要である。しかし、数は、具体的な物の数量を測る時にしか使われない、というものではない。たとえば、水の凝固点を0℃、沸点を100℃に定めた温度の場合、氷点より低い温度は実際に存在する。このような場合に導入されるのが、負(マイナス)の数であり、"−"という記号を用いる。0℃より1℃低い温度が−1℃、10℃低い温度が−10℃という具合である。このように、自然数に"マイナス(−)"をつけた数を負の整数あるいはマイナスの整数と呼ぶ。これに対し自然な数である自然数は正の整数あるいはプラス(＋)の整数と呼ばれる。

負の数の導入は、ある基準点をゼロ(0)にして、その点から"大・小"を考

える場合にもとても便利である。もちろん、"負(−)の概念"は整数ばかりでなく小数、分数などすべての数に適用される。

自然界の現象を巧みに説明する自然科学(特に物理学)では、"プラス(+)"と"マイナス(−)"を"余っている"とか"足りない"という意味ではなく、「同一の次元(土俵)で、反対の性質を持っている」という意味にも使われる。たとえば、プラス(+)の電気とマイナス(−)の電気のようなものである、この2種類の電気(正しくは電荷)は、異種間には引力がはたらき、同種間には斥力(反発力)がはたらくという性質を持っている。

また、運動の方向(一般的には加速度の方向)が逆の場合に"マイナス(−)"が使われる。たとえば、真北に時速100kmで走っている車の速度を+100km/hとすれば、真南に時速100kmで走っている車の速度は−100km/hとなる。もちろん、真南に走っている車の速度を+100km/hとすれば、真北に走っている車の速度が−100km/hになる。

これらの"プラス(+)"とか"マイナス(−)"とかいうのは、あくまでも、人間が便宜上勝手に決めたものであるが、このような"正・負の概念"はしばしば自然現象を見事に説明するのである。

ところで、私たちは通常"目に見える"あるいは"実感できる"ものを相手に生活しているわけであるが、私たちを取り囲む自然界には、宇宙のように想像を絶するほど大きなものから、原子やバクテリアのように想像を絶するほど小さなものまで存在する。

たとえば、私たちの生活の基盤である地球の直径は赤道で約13,000,000(1,300万)メートルである。また、私たちの身体を含むすべての物質は原子からできているが、その原子の大きさはおよそ0.0000000001メートルである。

このように0がたくさん並ぶ数字を扱うのはとても不便であるし、0の数を間違えることは容易に想像できるだろう。そこで導入されるのが指数という便利な数である。

たとえば、10000は$10 \times 10 \times 10 \times 10$というように10を4回掛けた数だから$10^4$(10の4乗)と表わす。また、0.00001は$\frac{1}{10} \times \frac{1}{10} \times \frac{1}{10} \times \frac{1}{10} \times \frac{1}{10}$で、この$\frac{1}{10}$を$10^{-1}$とすれば、$10^{-1}$を5回掛けた数だから、$10^{(-1) \times 5} = 10^{-5}$と表わすことができる。このように、10の肩についている数(上の例では4や−5)を指数

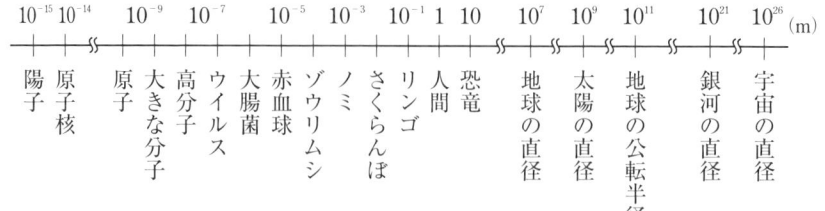

図1.1　自然界のものの大きさ
(原 康夫『量子の不思議』中公新書より一部改変)

と呼ぶ。

このような指数を用いれば、上に示した0がいくつも並ぶ数は、それぞれ

13000000 = 1.3 × $10^7$

0.0000000001 = $10^{-10}$

となる。指数の便利さを実感していただけるだろう。

自然界に存在するさまざまなものを、私たちにとってもっとも馴染みがあるメートル(m)の単位で指数を使って表わしたのが図1.1である。

## 物理量

話が若干前後するが、ここでもう一度、単位と数値について確認しておこう。

私たちが観察する物には"大きさ"と"形"がある。物の大きさ(量)を取り扱うには、同じ性質で一定の大きさの物、つまり単位を決めて、その単位の大きさの何倍であるかを議論しなければならない。この"何倍"の「何」が数値である。

数学ではいうまでもなく、物理でも数値を扱うことが少なくないが、物理で表わされる数値のことを、特に物理量という。たとえば、長さ、重さ、時間、速さ、力、エネルギー、温度などである。

一般に、数学で使う数値には単位がないし、なくてもかまわないのであるが、具体的な数量を表現する物理量には単位が必要である。たとえば「その物体は100である」というのは物理的には意味をなさない。その「100」が長さなのか、重さなのか、速さなのか、あるいは温度なのかで話がまったく異なるからである。

## 単位と記号

いま述べたように物理量は「数値」と「単位」で成り立つ。

私たちが日常的に使う単位のことを考えてみてもわかるように、たとえば、同じ「時間」を表わす単位であっても「秒」、「分」、「時間」、「日」などさまざまなものがある。もちろん、日常生活においてはそれらの単位を場合に応じて使い分ければよいが、物理の世界ではどれか一つに決めておいた方が便利である。そこで、国際的な組織で討論され決定された世界共通の「国際単位系(SI)」が使われることになっている。

後述するようにSI単位はじつに多種多様でややこしいのであるが、それらのほとんどは表1.1に示す7基本単位(特に長さ、質量、時間、電流の4基本単位)の組み合わせでできている。

表1.1 SI基本単位

| 物理量 | 単位の名称と単位記号 |
|---|---|
| 長　さ | メートル　　(m) |
| 質　量 | キログラム　(kg) |
| 時　間 | 秒　　　　　(s) |
| 電　流 | アンペア　　(A) |
| 温　度 | ケルビン　　(K) |
| 光　度 | カンデラ　　(cd) |
| 物質量 | モル　　　　(mol) |

基本単位の組み合わせでさまざまな物理量が定義され、それらに対応した単位がつくられるが、これらの単位を組立単位と呼ぶ。物理のさまざまな分野でじつに多種多様な組立単位が定められているが、表1.2に本書で扱う物理量と組立単位をまとめておく。基本単位、組立単位の具体的な意味については、適宜、本文中で説明する。

さきほど、0がたくさん並ぶ数字を扱うのに指数の便利さを述べたが、図1.1に示されるように物理が扱う世界には0がたくさん並ぶ数値が登場する。そこで、$10^x$の$x$に対応して、表1.3に示す「SI接頭語」が定められている。表の中の太字の接頭語は比較的頻繁に登場するものである。

たとえば、「ナノテクノロジー」の「ナノ」は「$10^{-9}$」の意味で、具体的には「ナノメートル($10^{-9}$ m)」の意味である。また、天気予報にしばしば登場する気圧の単位である「ヘクトパスカル」の「ヘクト」は「$10^2$」の意味で具

体的には「$10^2 (=100)$ Pa」の意味である。

表 1.2　本書で扱う SI 組立単位

| 物理量 | 単位の名称と単位記号 | 組立単位 |
| --- | --- | --- |
| 面積 | | $m^2 (= m \times m)$ |
| 体積 | | $m^3 (= m \times m \times m)$ |
| 質量密度 | | $kg/m^3$ |
| 振動数、周波数 | ヘルツ (Hz) | $1/s$ |
| 速さ | | $m/s$ |
| 加速度 | | $m/s^2$ |
| 力 | ニュートン (N) | $kg \cdot m/s^2$ |
| 運動量 | | $kg \cdot m/s$ |
| 圧力 | パスカル (Pa) | $kg/(m \cdot s^2)$ $(= N/m^2)$ |
| エネルギー | ジュール (J) | $kg \cdot m^2/s^2$ $(= N \cdot m)$ |
| 仕事 | ジュール (J) | $kg \cdot m^2/s^2$ $(= N \cdot m)$ |
| 仕事率 | ワット (W) | $kg \cdot m^2/s^2$ $(= J/s)$ |
| 温度 | ケルビン (K) | K |
| 熱容量 | | $kg \cdot m^2/(s^2 \cdot K)$ $(= J/K)$ |
| 比熱 | | $m^2/(s^2 \cdot K)$ $(= J/(kg \cdot K))$ |
| 角度 | | rad |
| 角速度 | | rad/s |
| 角振動数 | | rad/s |
| 電荷 | クーロン (C) | $A \cdot s$ |
| 電位差 | ボルト (V) | $kg \cdot m^2/(s^3 \cdot A)$ $(= J/A \cdot s)$ |
| 電場 | | $kg \cdot m/(s^3 \cdot A)$ $(= N/C = V/m)$ |
| 電気抵抗 | オーム (Ω) | $kg \cdot m^2/(s^3 \cdot A^2)$ $(= V/A)$ |
| 磁束 | ウェーバー (Wb) | $kg \cdot m^2/(s^2 \cdot A)$ $(= V \cdot s)$ |
| 磁束密度 | テスラ (T) | $kg/(s^2 \cdot A)$ $(= V \cdot s/m^2)$ |

表 1.3　SI 接頭語

| | | | | | | | | |
| --- | --- | --- | --- | --- | --- | --- | --- | --- |
| $10^{24}$ | ヨッタ | Y | $10^3$ | キロ | k | $10^{-9}$ | ナノ | n |
| $10^{21}$ | ゼッタ | Z | $10^2$ | ヘクト | h | $10^{-12}$ | ピコ | p |
| $10^{18}$ | エクサ | E | $10$ | デカ | da | $10^{-15}$ | フェムト | f |
| $10^{15}$ | ペタ | P | $10^{-1}$ | デシ | d | $10^{-18}$ | アット | a |
| $10^{12}$ | テラ | T | $10^{-2}$ | センチ | c | $10^{-21}$ | セプト | z |
| $10^9$ | ギガ (ジガ) | G | $10^{-3}$ | ミリ | m | $10^{-24}$ | ヨクト | y |
| $10^6$ | メガ | M | $10^{-6}$ | マイクロ | μ | | | |

## 1・3 自然現象と数式

　古代ギリシャのピタゴラスは哲学・数学・音楽・天文学の殿堂を設立したが、彼の学派の教義は「宇宙には美しい数の調和がある」というものだった。また、近代科学の祖であるガリレイは「自然の書物は数学の言葉によって書かれている」と述べているが、確かに、数学が少しでもわかると、自然を理解するのにも大いに役立つし、それは自然の神秘の驚嘆にもつながる。

　たとえば、リンゴの実はニュートンが見ていようがいまいが、人間がいようがいまいが、落下する時には落下するが、そのリンゴが落下を始めた時からの時間 $t$ と落下距離 $d$ との間には

$$d = \frac{1}{2}(gt^2)$$

という簡単な関係（$g$ は**重力の加速度**と呼ばれる自然界の定数）があることは驚嘆に値すると、私は思う。つまり、"物体の落下"という、人間にはまったく関係がない純粋な自然現象が、100％人間がつくった数式で完璧に表現されているわけである。このことが、私には身体が震えるほど不思議で仕方ないのである。

　じつは、このような例はほかにもたくさんある。

　たとえば、自然界には**重力**、**電気力**、**磁気力**というものが存在し、現時点の理解では、これらは"別もの"であるが、それぞれの"力"の大きさを表わす式はまったく同じ形なのである。これも、私には不思議で仕方ない。

　一般的にいって、「理系」、「文系」を問わず、数学や数式に対するアレルギーを持っている人は少なくないと思われるが、「人間にはまったく関係がない純粋な自然現象が100％人間がつくった数式で完璧に表現される不思議」を知れば、アレルギーも消えてなくなるのではないだろうか。

　ガリレイは「数学の言葉」というのであるが、私は、数学あるいは数式は「外国語」の一種だと思っている。外国へ行った時、外国語ができなくても、身ぶり手ぶりでなんとかなるとは思うが、多少でも外国語を使えた方が何かと便利であるし、外国での楽しみも格段に拡がる。それと同じように、数学や数式という「外国語」も、日常生活において知らなくてもなんとかなるのは事実であ

るが、多少なりとも知っていれば、自然現象のみならず社会現象を、より明瞭に理解するのに大いに役立つだろう。

たとえば、「単振動する振り子の周期$T$は振り子の長さ$L$を重力の加速度$g$で割ったものの平方根に円周率$\pi$の2倍を掛けたものに等しい」という文章を読んで、ここに登場する$T$、$L$、$g$、$\pi$の関係がすんなりと頭の中で描けるだろうか。もし、「描ける」という人がいたら、その人は素晴らしい頭脳の持ち主である。残念ながら、私にはすんなりと描くことができない。読者の多くも同様ではないだろうか。

ところが、この文章の内容（自然現象である！）を数式で表わせば

$$T = 2\pi\sqrt{\frac{L}{g}}$$

となる。文章の内容は、この式を見れば一目瞭然ではないだろうか。このように、数式は内容の理解に大きな威力を発揮することがある。

本書では、不要な数式の導入を避け、内容の定量的理解に大きな威力を発揮する場合に限って数式を使いたいと思うが、数式にアレルギーを持つ読者は「数式は外国語の一種」と思い、軽い気持ちでつき合っていただきたい。無理に数式と仲よくする必要はない。

＜さらに理解を深めるための参考書＞
1. 志村史夫、小林久理眞『したしむ物理数学』（朝倉書店、2003）
2. 志村史夫『だれでも数学が好きになる』（ランダムハウス講談社、2007）
3. 志村史夫『人間と科学・技術』（牧野出版、2009）
4. 志村史夫『環境問題の基本のキホン＜物質とエネルギー＞』（ちくまプリマー新書、2009）
5. 志村史夫『自然現象はなぜ数式で記述できるのか』（PHPサイエンス・ワールド新書、2010）

# 運動と力
## ～宇宙船内は無重力か？～

第2章

いま自分がいる周囲を見渡してみよう。

私の部屋の窓から外を眺めれば、自動車、歩行者、木々の葉が動いているし、鳥が空を飛んでいる。部屋の中の本棚や机上のパソコンや電話機はじっとして動いていない。

つまり、周囲には「動いている物」と「動いていない物」が見えるのであるが、この地球上に動いていない物は何一つ存在しないのである。いま、この地球は毎秒30kmの速さで太陽の周囲を公転し続けているし、さらに毎秒400mほどの速さで自転を続けているからである。広大な宇宙にも動いていない物体は何一つ存在しない。

すべての物体は運動しており、"動いている"とか"止まっている"とかいうのは相対的な話なのだ。物理的に「運動」は「物体が時間の経過につれて、その空間的位置を変えること」と定義されるのであるが、その運動の仕方は運動する物体ごとに異なり、一見、きわめて複雑である。しかし、物理学のお蔭で、それらをきわめて簡単な、一般的な形で理解することができる。

日常的な運動の物理を、日常的な例を通して考えてみよう。

## 2・1 速さと速度

### 速さ

いま述べたように「運動」は「時間の経過」と「空間的な位置」に密接に関係するものなので、運動のことを考えるには、自分が乗物に乗っている場合のことを思い浮かべるのが好都合である。

いま、自動車Aが直線道路を一定の速さ$v$で真東に向かっているとする（このような運動を**等速直線運動**と呼ぶ）。ある交差点Xを通過してから時間$t$後に距離$d$進んだ地点Pに達したとすれば

$$\text{速さ } v = \frac{\text{距離 } d}{\text{時間 } t} \tag{2.1}$$

$$\text{距離 } d = \text{速さ } v \cdot \text{時間 } t \tag{2.2}$$

$$\text{時間 } t = \frac{\text{距離 } d}{\text{速さ } v} \tag{2.3}$$

という関係がある。

このような関係はいまさら書き記すまでもなく、ドライブする時や乗物に乗って移動している時など、程度の差こそあれ、誰でも意識していることだろう。

式(2.1)～(2.3)は一般式であり、さまざまな単位が適宜用いられる。日常的な乗物では、$t$には「時間(h)」、$d$には「キロメートル(km)」が用いられることが多いので、$v$は「km/h」(つまり「時速」)になる。ところが、物理の世界で用いられるSI単位は表1.1、表1.2に示すようにそれぞれ[秒(s)]、[メートル(m)]、[m/s]である。

ここで、等速直線運動における速さを数学的に扱っておく。

式(2.2)より物体が一定の速さ$v_0$で移動する時、時間$t$後の変位(進んだ距離)$x(t)$は

$$x(t) = v_0 t \tag{2.4}$$

となる。変位$x(t)$の時間的変化量が速さなのであるから式(2.4)の$x(t)$を時間$t$で微分すれば速さが求まり

$$\frac{dx(t)}{dt} = \left(\frac{d}{dt}\right) v_0 t = v_0 \tag{2.5}$$

となる。

## 速　度

速さは式(2.1)で表わされる「量」であるが、この速さに方向を加えたものを速度という。

たとえば、交差点Xから真東に向かう自動車Aと同じ一定の速さ$v$で真北に向かっている自動車Bは自動車Aと速さは同じでも速度は異なることになる。

日常生活においては、速さと速度が厳密に区別されることはないし、それで支障はないが、運動を厳密に扱う物理学においては区別する必要がある。

速度は"大きさ"のみを表わすスカラー(量)ではなく、"大きさ"と"方向"を持つベクトル(太字)で表わすのが好都合である。

たとえば、交差点Xから速さ$v$で真東に向かう自動車Aの速度を$v$とすれば、同じ速さで真西に向かう自動車Cの速度は$-v$になる。

ところで、自動車や電車についているスピードメーターが"速度計"と呼ばれることが多いが、これは正しくない。時速60kmで真東に向かっている時も、真西に向かっている時も、その計器が表示するのは"60km/h"であるが、これは"速度"ではなく"速さ"である。

ちなみに、英語で"速さ"は"speed"、"速度"は"velocity"である。だから、あの計器をスピードメーター（speedometer）と呼ぶのは正しい。ほとんどの英和辞典では、この"speedometer"に「速度計」という日本語訳をあてているが、これは物理学的には正しくないのである。正しくは「速さ計」と書かれるべきである。

## 相対的な速さ

列車がいくつも平行に並ぶホームに停まった列車の中から外を見ると、自分が乗った列車が動きだしたのか、対面の列車が動きだしたのか、しばらく判別がつかないことがある。また、東京や大阪のように、何本もの電車が並行して走るようなところでは、互いにかなりの速さで走っているにもかかわらず、ほとんど動いていないように感じることがある。逆に、反対向きに走行する車両がすれ違う場合は、ものすごい勢いで一瞬のうちに走り去って行く。こうしたことは、特に新幹線などの高速列車に乗っている時に実感する。

高速道路を走行する自動車A〜Eを模式的に描く図2.1を使って、速さの相対性と速度について確認しておこう。

自動車AとBは80km/hで同方向に等速直線走行していると考える。Aの運転席からBを見れば、Bは止まっているように見える。もちろん、BからAを見た場合も同じである。両方の自動車のスピードメーターは80km/hを示し、実際にその速さで走行しているものの、A、Bの互いの相対的速さは

$$80\,\mathrm{km/h} - 80\,\mathrm{km/h} = 0\,\mathrm{km/h}$$

つまり、"止まっている"のと同じである。

Aの速度を$+80\,\mathrm{km/h}$とすれば、対向車線を走行するCの速度は$-80\,\mathrm{km/h}$で、それらの相対的な速さは

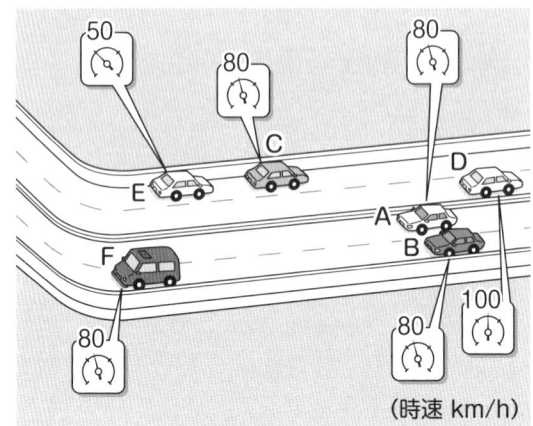

図2.1 高速道路を走行する自動車

$$80\,{\rm km/h} - (-80\,{\rm km/h}) = 80\,{\rm km/h} + 80\,{\rm km/h} = 160\,{\rm km/h}$$

となり、互いに160km/hの猛スピードですれ違うことになる。もちろん、車外から見れば、A、BとCは、方向は逆であるもののいずれも80km/hの速さで走行している。

　また、80km/hで走行するCからは100km/hで走行するDは20km/hで遠ざかっているように見える。同様に、EからCは30km/hで遠ざかっているように見える。

　ところで、いまここで述べる80km/hなどの速さは、"静止している"地面を基準にした上でのことである。しかし、実際の地面、つまり地球は前述のような公転（約11万km/hの速さである！）と自転をしているし、地球が属する太陽系自体も時々刻々動いているのである。したがって、80km/hなどの数値は宇宙から眺めれば意味がない、あくまでも相対的なものであることがわかるだろう。私たちが、猛スピードで動いている地球の上にいながら、その猛スピードをまったく感じないのは、私たちの周囲の地面を含むすべての物体が、その猛スピードで動いているからである。つまり、図2.1に描かれるAからBを見ているようなものなのである。

## 加速、減速と加速度

　誰でも経験しているように、一般道路で一定の速さで走行できることはまれ

であり、走行中は前を行く自動車との車間が詰ってブレーキを踏まなければならないこともあるし、信号で止まることもある。

信号でストップした後、ドライバーはアクセルを踏んで速さを増して行く。このように速さを増す（加える）ことを加速するという。また、ブレーキを踏んで減速することもある。このような"加速"と"減速"は、日常的に経験していることである。

ここで"速さ"が変化することも含めて、「速度の時間的変化」を**加速度**とし、

$$加速度 = \frac{速度変化}{時間} \tag{2.6}$$

で定義することにする。一般的に、加速度（acceleration）を表わす記号として$a$（ベクトル）が使われる。

速さの場合のように、式(2.6)で表わされる加速度を微分を使って表現すれば

$$a = \frac{dv}{dt} \tag{2.7}$$

である。

前述のように、速度には"速さ"と"方向"が含まれるから、"速度変化"は

① 速さの変化

② 方向の変化

③ 速さと方向の変化

のいずれかを意味する。

ここで、日常用語と少々異なるのは、物理学では加速度という言葉が速度（速さ）の増加（文字通りの"加速"）の場合のみならず、減少（減速）の場合にも使われることである。ブレーキを踏んで減速するような場合「負の加速度が生じている」などという。"負の加速度"を日常用語でいえば"減速度"である。なお、加速度の単位は式(2.4)にしたがえば $\frac{[距離/時間]}{[時間]}$ から $\frac{[距離]}{[時間^2]}$ になることがわかるだろう（表1.2参照）。いま述べたのは速度変化のうちの①についてである。

ここで、図2.1の自動車Fを見ていただきたい。Fは同じ速さ80km/hで走行しているが、カーブにさしかかりハンドルをきって方向を変えている。つまり、この場合は②の速度変化である。カーブで減速（あるいは加速）すれば③

の速度変化になる。

## 2・2　力と運動
### 重さと質量

　いま日常生活に見られる"運動"の一端について述べたのであるが、私たちは日常的経験から"運動の大きさ"が運動する物体の"重さ"と関係することを知っている。つまり、一般的に、重い物体の運動はゆっくりであるし、軽い物体の運動はすばやい。これから、"運動"について、さらに物理的理解を深めるために、ここで"重さ"とは何かについてきちんと考えておこう。

　私たちにとってもっとも身近な"重さ"は体重ではないだろうか。体重などの重さには「kg」のような単位が使われる。しかし、表1.1を見れば「kg」という単位には"重さ"ではなく"質量"という言葉が使われている。"重さ"と"質量"は違うのだろうか。

　じつは重さと質量は"似たようなもの"ではあるが、厳密には異なり、以下の理由で、物理学で使われるのは質量の方である。

　**質量**は、物質の量である。それは、物体あるいは物質が持っている、場所によって変わることがない固有の量の一つであり、簡単にいえば"動きにくさ"を表わす量である。一般に"mass（質量）"の頭文字をとって $m$ という記号で表わされる。

　それに対し、重さ（一般に"weight"の頭文字をとって $w$ という記号で表わされる）は物体、物質にはたらく重力の大きさで、質量に**重力加速度** $g$ を掛けた量（重量）で

$$w = mg \tag{2.8}$$

となる。ちなみに "$g$" は "gravity（重力）" の頭文字である。

　したがって、私たちは、日常的に「私の体重は60キログラムだ」などのようにいうが、これは物理的には正しくないのである。物理的には「60キログラム重（じゅう）」と"重"をつけなければならない。この"重"は $w = mg$ の "$g$" のことである。

　重力加速度 $g$ については後述するが、この値は場所によって変化するので、

重さも場所によって変化することになる。たとえば、月面の重力加速度は地球表面の重力加速度の$\frac{1}{6}$なので、体重60 kg（重）の人が月面で体重を測れば10 kg（重）となる。

## 運動を生む力

私たちの活動にも、すべての物体の運動にも力が必要である。

社会的な"力"にはさまざまなものがあり、それらの相互作用も複雑であるが、物理学が扱う力は単純明快で「物体の運動状態（速さと方向、つまり速度）を変化させるもの」である。いい方を変えれば、加速度は力によって生まれるのである。物体に力が加えられなければ加速度が生まれない、つまり速度が変化しない（運動の速さも方向も変化しない）、静止した物体は静止し続ける、ということである。これが、ニュートンの**運動の第一法則**あるいは**慣性の法則**と呼ばれるものである。

力と加速度（力によって生まれる運動）の大きさを考えれば、加えられた力が大きいほど大きな加速度が生まれることは日常的経験からも明らかだろう。また、加えられた力が同じであれば、質量が大きな物体ほどそこに生まれる加速度が小さい、質量が小さな物体ほどそこに生まれる加速度が大きいことも経験から明らかである。事実、力（force：$F$）、質量（$m$）、加速度（$a$）の大きさの間には

$$F = ma \tag{2.9}$$

という簡単な関係があり、これを模式的に描いたのが図2.2である。なお、$F$も$a$も方向を持つことから、これらも速度$v$と同様にベクトル量である。

ところで、現実的な物体は図2.2を見るまでもなく、質量（重さ）と共に"大きさ"あるいは"形"を持っているのであるが、たとえば"空気抵抗"などを無視した議論において、物理学で

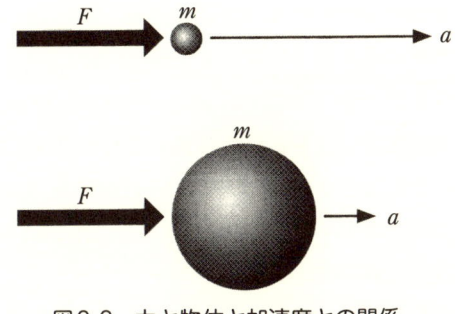

図2.2 　力と物体と加速度との関係

は、便宜上、物体を質量のみの、"大きさ(形)"がない単純化した質点というものに置き換えて考える。

さて、じつは、式(2.9)がニュートンの運動の第二法則、運動方程式であり、これを変形した

$$a = \frac{F}{m} \tag{2.10}$$

を言葉で表現すれば「物体に生じる加速度は、力の大きさに比例し、物体の質量に反比例する」となる。

ここで、力の単位について考えてみよう。

式(2.9)右辺の $m$ と $a$ に表1.1、表1.2に示されるSI単位を当てはめれば

$$[\text{kg}] \cdot [\text{m}/\text{s}^2] = [\text{kg} \cdot \text{m}/\text{s}^2]$$

が得られ、$1\text{kg} \cdot \text{m}/\text{s}^2$ を1N(ニュートン)と定義する(表1.2参照)。

ニュートンの慣性の法則(運動の第一法則)と運動方程式(運動の第二法則)が登場したところで、**作用反作用の法則**(運動の第三法則)についても説明しておこう。

前の二法則が運動する一つの物体に関する法則であるのに対して、作用反作用の法則は力を及ぼし合っている二つの物体の間にはたらく力の関係を述べるものである。つまり、「ある物体Aから別の物体Bに力をはたらかせると、物体Bから物体Aに同じ作用線上で、大きさが等しく、向きが反対の力がはたらく」という法則である。たとえば、図2.3に示すように、物体Aが壁(物体B)に $F$ という力(作用)をはたらかせると、その物体Aは壁(物体B)から $-F$ という力(反作用)を受けるということである。

この作用反作用の法則を実感するには、自分の拳でコンクリートの壁を叩いてみるとよい。たたく力の強さに応じた痛みを感じると思うが、それはコンクリートの壁からの"反作用"の力によるものである。ボクシングのハードパンチャーが相手の

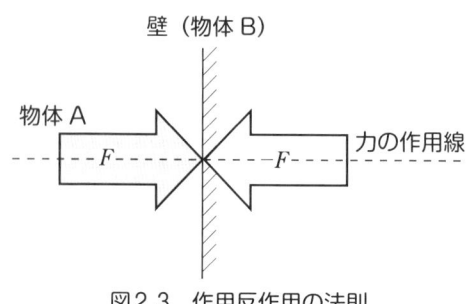

図2.3　作用反作用の法則

顎にパンチを加えた時に自分の拳を骨折してしまうことがあるが、これも"反作用"によるものである。

以上の運動の第一、第二、第三法則をまとめて**ニュートンの運動の三法則**と呼ぶ。

## 圧　力

　力とともに圧力という言葉も日常的にしばしば登場する。簡単にいえば「押さえつける力」のことである。社会的にはさまざまな圧力があり、その中味は複雑であるが、幸い、力の場合と同様に、物理学が扱う圧力は単純に「互いに押し合う対（つい）の力」のことで、これは、図2.3を見れば理解しやすいだろう。

　私たちにとってもっとも日常的な物理的圧力は気圧（大気圧）かも知れない。気圧は天気予報や天気図の主役でもある。特に、台風がやって来た時は気圧が大きくクローズアップされる。

　圧力の大きさは

$$\text{圧力} = \frac{\text{力}}{\text{力が作用する面積}} \tag{2.11}$$

で与えられ、単位面積（$1\text{m}^2$）あたりに1Nの力がはたらいている時の圧力の大きさを1Pa（パスカル）と定義する。つまり

$$1\,[\text{Pa}] = \frac{1\,[\text{N}]}{1\,[\text{m}^2]} \tag{2.11}$$

となる（表1.2参照）。なお、この「Pa（パスカル）」はフランスの数学者、物理学者、そして哲学者でもあるパスカル（1623–62）の名前にちなんだものである。

　ここで、ちょっと寄り道をして包丁で物がなぜ切れるのかを考えてみよう。普段、こんなことは考えたことがないと思うが、じつは式(2.11)と密接に関係することなのである。

　実際に見てもらう必要はないと思うが、図2.4(a)に示すように包丁の刃の先端は非常に薄く研がれている。この刃の上部から力を加えて物を切ろうとするのであるが、式(2.11)右辺の分母の面積が非常に小さいので結果的に左辺の圧力が大きな値になり物が切れることになる。しばらく使うと切れにくくなるのは図2.4(b)に示すように包丁の刃の先端が磨耗して、式(2.11)右辺の分

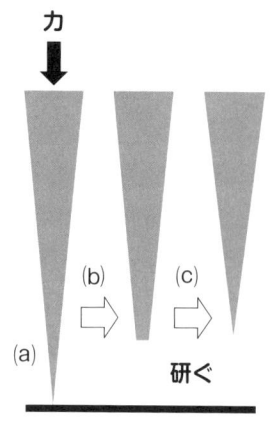

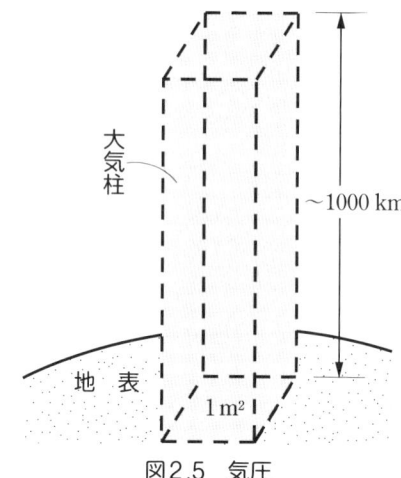

図2.4　包丁はなぜ切れるのか　　図2.5　気圧

母の面積が大きくなり結果的に左辺の圧力が小さな値になってしまうからである。このように磨耗した刃を研ぎ直せば、図2.4(c)のように再び切れる刃に生まれ変わる。

　さて、気圧（大気圧）の"源"は何であろうか。

　それは、図2.5に示すように、大気柱が1m²の面積に及ぼす圧力である。つまり、気圧というのは大気（空気）の重さがのしかかって生じるものである。地球の大気層の厚さはおよそ1000kmと考えられているので、1m×1m×1000kmの体積の大気が及ぼす圧力が地表（海面）の気圧ということになり、これを1気圧（atm）とし、標準気圧と呼ぶ。［気圧］と［Pa］との関係は

$$1\,[気圧(atm)] = 1.01325 \times 10^5\,[Pa]$$
$$= 1013.25\,[hPa]$$

となる。

　気柱が1m²の面積に及ぼす圧力ならば、上空に行くほど気圧が低くなるのは容易に理解できるが、それに加え図2.5に示す大気柱の大気密度は一定ではなく、上空に行くにつれて気圧は一層低くなり、5km上昇するごとに約2分の1になることが知られている。

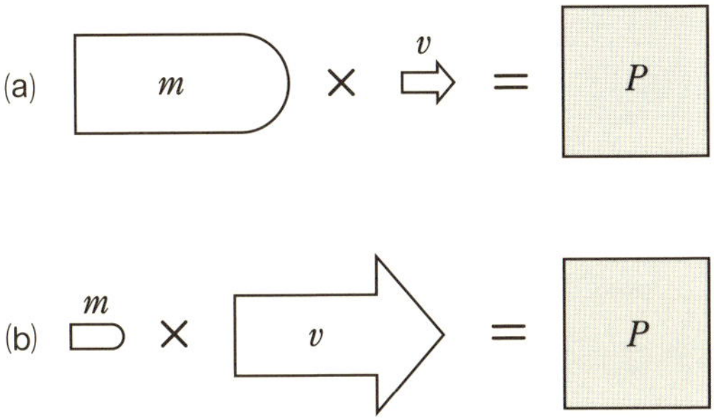

第2章　運動と力～宇宙船内は無重力か？～　21

図2.6　運動量 $P$

## 運 動 量

　同じ速さで直線道路を走行する大型トラックと軽自動車が正面衝突したとすれば、軽自動車側の被害が圧倒的に大きいことは容易に想像できる。それは、直感的に重さ（質量）の違いによるものと理解できるだろう。また、重い物体Aと軽い物体Bが同じ速度で動いているとすれば、Aを止めるのはBを止めるよりも難しい、つまりより大きな力を必要とすることは誰でも経験から知っている（だから、単純にいえば、相撲では軽量力士よりも重量力士の方が有利ということになっているのである）。このような事実は"運動の勢い"の差で理解できるだろう。

　この"運動の勢い"を表わす物理量は**運動量**と呼ばれ、〈質量〉×〈速度〉で定義され、それを $P$ で表わせば

$$P = mv \tag{2.12}$$

となる。速度が方向の要素を含むベクトル量であるから運動量もベクトル量になる。なお、運動量の単位は、表1.1、表1.2から［kg・m/s］と導かれる。

　式(2.12)から明らかなように、運動する物体は質量が大きいか、速度が大きいか、それらの両者が大きい時、大きな運動量を持つのである。だから、図2.6に模式的に示すように、大型トラックや巨大な船(a)は小さな速度で動いている時でも大きな運動量を持つし、小さな弾丸(b)も高速で飛ぶから大きな運動量を持つのである。トラックや弾丸が壁に衝突した時に生じる破壊は運動量によってもたらされた衝撃力によるものである。

## 力　積

ここで力 $F$ と運動量 $P$ との関係を調べてみよう。

式 (2.7) に示したように、加速度 $a$ は速度 $v$ の時間的変化だから

$$a = \frac{\Delta v}{t} \tag{2.13}$$

と考えることができる。式 (2.9) から求められる $m = \dfrac{F}{a}$ を式 (2.12) に代入すると

$$P = \left(\frac{F}{a}\right)v \tag{2.14}$$

となり、ここに式 (2.13) を代入すると

$$\Delta P = Ft \tag{2.15}$$

が得られる。つまり、運動量の変化 ($\Delta P$) には、力 ($F$) の大きさとその力がはたらいている時間 ($t$) が関係していることがわかる。この式 (2.15) を言葉で表わせば「力の時間的効果 ($F \cdot t$) が運動量 $P$ を生む」あるいは「運動量は時間的な効果である」といえるだろう。

そこで

$$\text{力}(F) \times \text{時間}(t) = \text{力積} \tag{2.16}$$

で表わされる**力積**というものを定義する。

ここで簡単な数式遊びをしてみよう。

式 (2.13) を式 (2.9) に代入すると

$$F = m\left(\frac{\Delta v}{t}\right) \tag{2.17}$$

となり、これから

$$Ft = m\,\Delta v \tag{2.18}$$

が得られ、"初めの速度" を $v_{初}$、"終りの速度" を $v_{終}$ とすれば

$$\Delta v = v_{終} - v_{初} \tag{2.19}$$

と考えられるから、式 (2.19) を式 (2.18) に代入して

$$Ft = mv_{終} - mv_{初} \tag{2.20}$$

を得る。

式 (2.20) は式 (2.16) で定義した力積で、右辺は式 (2.12) で定義した運動量の変化にほかならず、結局、式 (2.20) と式 (2.15) は同じことを示している。つまり、式 (2.15)、(2.16) より自明であるが「力積とは運動量の変化のこと」である。

前述のように「力の時間的効果($Ft$)が運動量 $P$ を生む」のであるが、はじめにある運動量を持っていた物体の運動量がゼロになる場合のことを考えてみよう。

身近な例で、速度 $v$ で疾走する質量 $m$ の自動車が静止する場合のことを考える。

その自動車は速度が $v$ に達した段階でエンジンを切り、しばらく速度 $v$ のまま惰性で動いているものとする。そのような自動車の停止の仕方の極端な例として、二つの場合を図2.7に示す。(a)は、刈り取られた稲のワラの山に衝突し、徐々に減速して停止する場合である。(b)は、コンクリートブロックの壁などに激突して停止する場合である。

両者いずれの場合も、速度が $v\to 0$ に変化するので、運動量の変化、つまり力積は式 (2.20) より

$$Ft = m\cdot 0 - m\cdot v = -mv \tag{2.21}$$

となる。この"$-m\cdot v$"の"$-$"は、18ページで述べた反作用を表わしている。

しかし、(a)、(b) の自動車が受ける衝撃はまったく異なることは図2.7を見るまでもなく明らかであるが、それはなぜだろうか。

いずれの場合も、自動車は $mv$ という運動量の変化を"経験する"のだが、その"経験の仕方"が異なるのである。

(a)の場合、$v\to 0$ に要する時間、つまり $mv$ という運動量の変化に要する時間 $t$ が長い。一方、(b) の場合は、壁に激突した結果、$v\to 0$ は瞬時に起こる。時間 $t$ がきわめて短い。つまり、$Ft$ が同じ値であっても、その"中味"が(a)

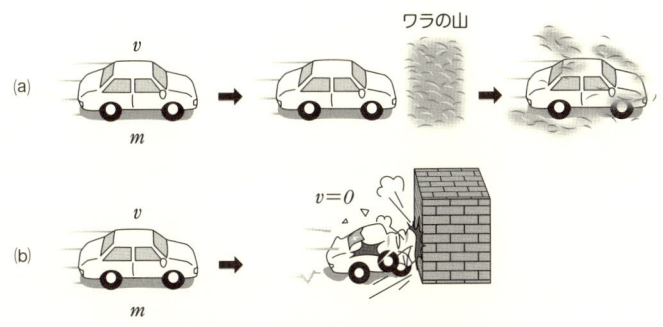

図2.7 疾走する自動車の静止

と(b)では大いに異なるのである。このことを"視覚的数式"で表わせば

$$_F t = F t \tag{2.22}$$

となるだろう。

結論を述べよう。

(a)、(b)いずれの場合も、自動車が経験する $mv$ という運動量の変化は同じであるが、(a)の自動車が受ける反作用は $F$ という小さな力であるが、(b)の自動車が受ける反作用は $F$ という大きな力(衝撃力)なのである。

このことは、図2.7に示す衝突以外にも何かの衝撃(たとえばパンチ)を受ける場合、その衝撃を最小にする方法を教えてくれている。

もちろん、衝撃を最小にする最良の方法は衝撃を避けることであるが、どうしても避けられないとすれば、式(2.22)の左辺のように、$t$ を長くすることによって $F$ を小さくすることだ。つまり、パンチを受ける場合であれば、身体(顔)をうしろに反らせて「あたったパンチを受け流す」のである。柔道の「受け身」も $t$ を長くして $F$ を小さくする方法である。

逆に、出鼻を打たれる"カウンターパンチ"が有効なのは、式(2.22)の右辺のような状態になるからである。空手の"手刀"の一撃の破壊力も同様に説明できる。空手家は腕と手を大きな運動量 ($mv$) で目標物にぶつけるのであるが、この時、その作用時間 ($t$) を極限まで短くすることによって衝撃力 $F$ を最大限まで大きくするのである。

私はいつも、式(2.22)は物理の分野のみならず、広く人生のさまざまな場面で役立つ示唆に富んでいると思っている。

## 2・3 落　下

### 自由落下

ニュートンが木から落ちるリンゴを見て、それを**万有引力**の大発見につなげたのは1665年頃のことらしい。日本では、江戸時代徳川幕府四代将軍・家綱の時代である。

ある高さで物体から静かに手を離した時の物体の運動を**自由落下**と呼ぶ。物体は水平面と鉛直をなす鉛直線上を落下して行く。物体(ボール、ニュートン

の気分を味わうならばリンゴ)の自由落下の様子を観察することにする。

　たぶん、直接的あるいは間接的な経験から、落下の速度は一定ではなく、徐々に増すことを知っているだろう。物体の落下の様子を正確に調べるには、できるだけ短い時間間隔で、落下する物体の位置を正確に記録できればよい。このような場合に使われるのが一定の時間間隔で瞬間的にフラッシュを点滅できるマルチストロボと呼ばれる装置とカメラである。落下する物体にこのようなフラッシュを当て、シャッターを開放したカメラで撮影する。

　図2.8はそのような撮影結果を図示したものである。下へ行くほど(落下が進むほど)、一定時間内の落下距離が長くなっている。つまり、落下速度が大きくなっていることがわかる。

　無風状態の日、たとえば超高層ビルの屋上から鉄製のボールを落下させ、その落下の様子を上記のような方法で観察すると表2.1のようなデータが得られる。ちなみに、ガリレイはこのような実験を1591年にピサの斜塔で行なったことになっているが、もちろん、その時代にはマルチストロボカメラのような便利な道具はない。

　表2.1を眺めているだけでは、落下の法則が見えてこないが、表2.1の数値

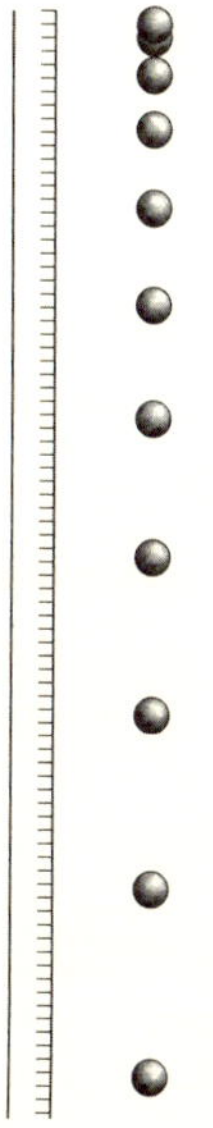

表2.1　ボールの落下の実験のデータ

| 落下時間 $t$ [s] | 落下距離 $d$ [m] | 平均落下速さ $v$ [m/s] | 速さの変化 $\Delta v$ [m/s] |
|---|---|---|---|
| 0 | 0 | | |
| 1 | 5 | 5 | 10 |
| 2 | 20 | 15 | 9 |
| 3 | 44 | 24 | 10 |
| 4 | 78 | 34 | 11 |
| 5 | 123 | 45 | 8 |
| 6 | 176 | 53 | ⋮ |
| ⋮ | ⋮ | ⋮ | |

図2.8　マルチストロボカメラで撮影した落下するボールの図示

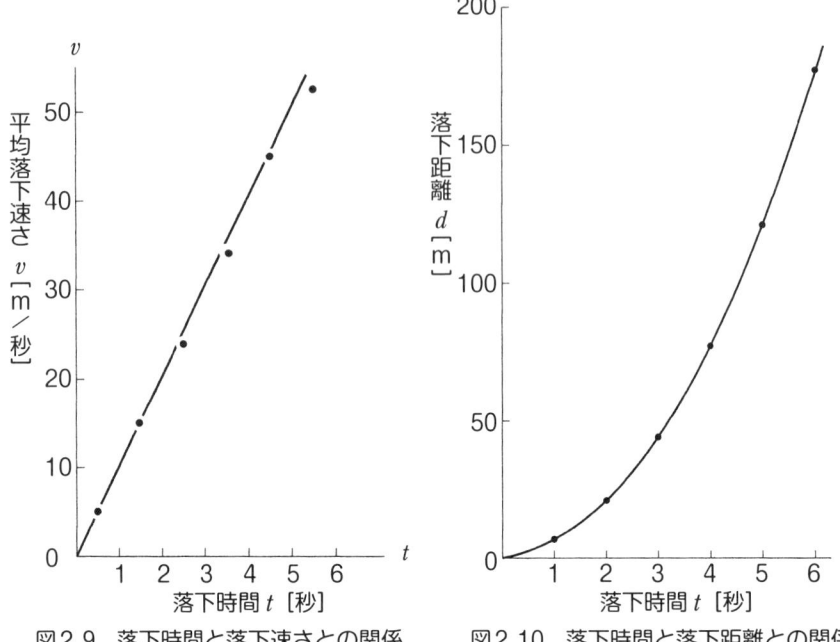

図2.9 落下時間と落下速さとの関係 　　図2.10 落下時間と落下距離との関係

をグラフ用紙にプロットしてみると、落下時間$t$、落下速さ$v$、落下距離$d$の関係が明らかになる。

図2.9はなじみ深い「傾き$a$の直線のグラフ」で

$$v = at \tag{2.23}$$

である。この傾き$a$は式(2.4)で示される加速度にほかならない($v$は速度$v$の"速さ"の成分)。表2.1の$\Delta v$の平均値あるいはグラフから$a$がほぼ9.8[m/s]であることがわかる。つまり、落下するボールは9.8[m/s]の加速度で下向きに加速されているのであるが、式(2.7)に示されるように、加速には力が必要である。この力が**重力**であり、9.8[m/s]が式(2.5)で述べた重力加速度$g$の具体的な値である。つまり、自由落下における落下時間$t$と落下速さ$v$との関係は

$$v = gt \tag{2.24}$$

で表わされる。

次に、表2.1の落下時間$t$と落下距離$d$との関係をグラフに表わしてみると、

図2.10のようになじみ深い2次曲線で、ほぼ

$$d = 4.9 t^2 \tag{2.25}$$

で、これは重力加速度 $g$ を用いて

$$d = \left(\frac{1}{2}\right) g t^2 \tag{2.26}$$

と表わされる。

　ところで、重い物体と軽い物体とはどちらが速く落下するであろうか。

　私の素直な感覚では重い物体の方が速く落下しそうに思えるのであるが、式 (2.26)、(2.28) いずれにも物体の質量 $m$ が含まれていない。つまり、真空中のような、落下する物体に対する摩擦が無視できる環境下において、重力による自由落下に物体の質量（重さ）や形状は無関係である。たとえば、空中における落下を遅くするには、パラシュートのように空気抵抗を大きくすればよい。

## 万有引力

　いま述べたボール（物体一般）の"落下"は、図2.11のように地球上のどこででも起こる現象である。たしかに、Aではボールが"落下"しているのであ

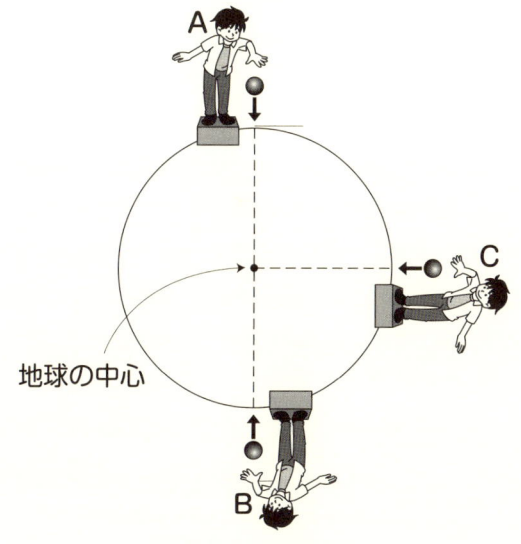

図2.11 "落下"

るが、Aの裏側の地Bではボールは上に昇っているし、Cではボールが真横に走っている。このように、宇宙空間から眺めれば、B、Cで落下していない運動を"落下"と呼ぶのはちょっとヘンである。

　つまり、物体の"落下"という現象は、物体と地球との"衝突"という方が正しい。その"衝突"を起こさせる力が重力である。そして、その重力の源が、ニュートンが落ちるリンゴを見て発見したといわれる**万有引力**である。ニュートンが明らかにしたのは「宇宙のすべての物体は、宇宙の他のすべての物体を引っ張っている」ということである。すべての物体（万有＝万物）は、他のすべての物体に引力を及ぼすのである。これが、万有引力の法則であり、距離 $d$ 離れた質量 $m_1$、$m_2$ の2物体間にはたらく力 $F$ の大きさは

$$F = G\left(\frac{m_1 m_2}{d^2}\right) \tag{2.27}$$

で表わされる。$G$ は**万有引力定数**と呼ばれる定数 ($6.67 \times 10^{-11} \mathrm{N \cdot m^2/kg^2}$) である。つまり、万有引力は両物体の質量の積に比例し、両物体間の距離の2乗に反比例する。

　地球上の物体の"落下"（物体と地球との"衝突"）の場合、地球の質量を $M$、物体の質量を $m$、地球の半径を $R$ とし、地球も物体も18ページに述べた質量のみの"大きさ(形)"がない単純化した質点と考えれば、物体が置かれた高さ $h$ は $R$ に比べて無視できる ($R + h \fallingdotseq R$) から、式 (2.27) は

$$F = G\left(\frac{Mm}{R^2}\right) \tag{2.28}$$

となる。

　万有引力は、いわば"物体の質量によって生じる力"であり、このように質量によって生じる力を**重力**と呼んでいる。"重力"は狭い意味では、地球上の静止している物体が地球から受ける力のことであり、地球の万有引力が主であるが、地球の自転に基づく向心力 (3.1参照) も加わる。向心力は赤道上で最大になるが、その場合でも、引力の約300分の1にすぎない。したがって、"重力"を一般の万有引力と考えてよい。

　なお、アインシュタインは1915年の「一般相対性理論」によって"重力"、"万有引力"の源が質量によって生じる"空間の曲がり"であることを示した。このことについては章末の参考書4を参照していただきたい。

## 鉛直投げ上げ運動と放物運動

誰にでもキャッチボールの経験はあるだろう。たとえなくても、野球、サッカー、ゴルフなどでボールが飛んで行く様子をまったく知らないという人はいないはずである。

いままでは、ある高さで物体から静かに手を離した時の物体の自由落下について述べたのであるが、以下、物体（たとえばボール）を放り投げた時の物体の運動について考えてみよう。ここでは風や空気抵抗など、外部の力の影響は一切無視する。

まず、図2.12(a)に示すように、初速度 $v_0$ で真上に放り投げた場合（鉛直投げ上げ運動）は、$-g$ に逆らって上昇して行くわけだから、上昇速度 $v_{up}$ は、時間 $t$ ごとに式(2.24)分だけ減じられ

$$v_{up} = v_0 - gt \tag{2.29}$$

となる。また、時間 $t$ 後の上昇距離（変位）$y$ は、同様に、時間 $t$ ごとに式(2.26)分だけ減じられ

$$y = v_0 t - \left(\frac{1}{2}\right) gt^2 \tag{2.30}$$

となる。鉛直に投げ上げられたボールが最高点 $y_{max}$ に達する時間 $t_1$ は $v_{up} = 0$ になった時だから

$$v_0 - gt_1 = 0 \tag{2.31}$$

より

$$t_1 = \frac{v_0}{g} \tag{2.32}$$

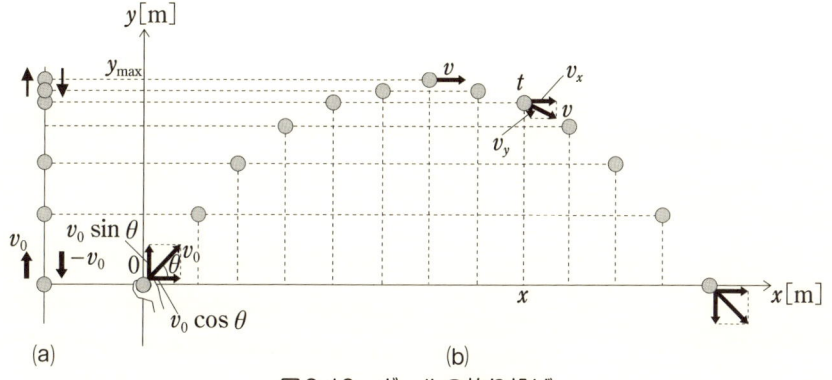

図2.12 ボールの放り投げ

である。頂点 $y_{max}$ の高さに達した後、ボールは自由落下によって出発点に $-v_0$ の速度で戻って来る。その自由落下の様子はすでに述べた通りである。最高点 $y_{max}$ から出発点まで落下するのに要する時間 $t_2$ は下降速度 $v_{down}$ が $-v_0$ になるまでの時間だから式 (2.24) より

$$v_{down} = -v_0 = -gt_2 \tag{2.33}$$
$$t_2 = \frac{v_0}{g} \tag{2.34}$$

そして

$$t_1 = t_2 = \frac{v_0}{g} \tag{2.35}$$

となり、出発点から最高点に達するまでの時間と、最高点から出発点に戻るまでの時間が等しいことがわかる。

初速度 $v_0$ で水平方向から角度 $\theta$ の方向に放り投げる斜方投射の場合は、図 2.12 (b) に示すように、初速度の $x$ 成分 $v_x$、$y$ 成分 $v_y$ は

$$v_x = v_0 \cos\theta \tag{2.36}$$
$$v_y = v_0 \sin\theta \tag{2.37}$$

となる。図からも明らかなように、$v_x$ は一定でボールの水平成分方向の運動は等速直線運動といえるので、時間 $t$ 後の $x$ の変位は

$$x = v_0 t \cos\theta \tag{2.38}$$

であるが、垂直方向には $-g$ の加速度の影響を受けるので、時間 $t$ 後の $v_y'$ は

$$v_y' = v_0 \sin\theta - gt \tag{2.39}$$

となり、時間 $t$ 後の上昇距離 $y$ は、式 (2.24) の $v_0$ に式 (2.37) を代入し

$$y = v_0 t \sin\theta - \left(\frac{1}{2}\right) g t_2 \tag{2.40}$$

となる。

式 (2.38)、(2.40) から時間 $t$ を消去すると運動の軌跡を示す方程式が得られ

$$y = -\left(\frac{g}{2}v_0^2 \cos^2\theta\right) x^2 + x \tan\theta \tag{2.41}$$

となり、上に凸の放物線であることがわかる。斜方投射は運動の軌跡が放物線になることから**放物運動**と呼ばれる。$\theta = 0$ の水平投射は図 2.12 (b) で最高点に達した以降の運動と同じことなので、これも放物運動である。

## 地球を周回する人工衛星、宇宙ステーション

現在、常時1000個以上といわれる人工衛星が地球を周回し、通信、天気予報、さらには軍事偵察などの分野で日常的な活動を行なっている。また、最近は複数の宇宙飛行士が乗り込んだ宇宙ステーションが地球を周回し、さまざまな使命を果たしている。

ところで、人工衛星や宇宙ステーションはジェット機のように後方への噴射によって飛んでいるわけでも、プロペラによって飛んでいるわけでもない。静かに地球を周回している。

地上から打ち上げられた人工衛星や宇宙ステーションは、なぜ万有引力によって落下しないのだろうか。燃料も使わず、ジェットエンジンもプロペラもなしにどうして地球を周回できるのだろうか。よく考えてみれば、不思議なことではないか。

いま述べた水平投射で、水平方向の初速度が大きければ大きいほどボールは遠くまで飛び、軌道曲線（放物線）の"半径"が大きくなることは容易に想像できるだろう。水平方向のボールの初速度をどんどん大きくして行けば、図2.13に示すようにボールの落下点はどんどん遠方になり、やがて、投げた地点に戻って来るかも知れない。荒唐無稽な話と思われるかも知れないが、じつは、これが人工衛星や宇宙ステーションが地球を周回する原理なのである。

たとえば、地上500kmの高さにロケットで打ち上げた物体を重力によって地上に落下させることなく、その高さを保って飛び続けさせるには、その物体をどれくらいの速さで水平方向に発射すればよいのだろうか。その速さは、重力加速度、つまり物体が落下する割合と地球表面の曲り具合で決まる。

地球を完全な球とみなし、大気の抵抗や地球の自転の影響などを無視して計算すると、約8km/sの速さが必要

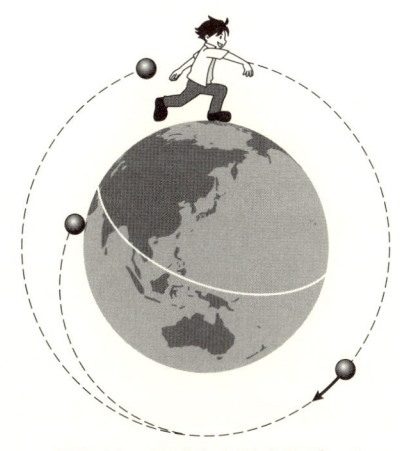

図2.13　地球を1周するボール

であることがわかる。高くなればなるほど引力 $F$ が小さくなるので、水平方向に必要な速さは小さくなる。

　ここで、注意が必要である。

　いま、「重力によって地上に落下させることなく」と書いたのであるが、人工衛星や宇宙ステーションは落下していないのではない。人工衛星や宇宙ステーションは地上には落ちて来ないのであるが、重力加速度に従って常に落下しているのである。その落下の軌跡（カーブ）が図2.13に示すように丸い地球の地表のカーブに等しいから地表と衝突しないのである。

　しかし、現実的には、通常の人工衛星や宇宙ステーションが飛行する地上数百 km の上空でもわずかに存在する大気の抵抗によって飛行の速さが減じられ、地球の引力とのバランスがくずれて軌道が徐々に地表に近づき、やがては地表に落下することになる。

　また、数多くの人工衛星の中で、赤道の上空にある"静止衛星"は、地球の裏側からのテレビ電波の中継や気象観測に利用されているが、もちろん、これらの"静止衛星"は宇宙空間に静止しているわけではない。地球から見ると、静止しているように見える衛星、という意味である。

　でも、静止衛星はどうして静止しているように見えるのだろうか。

　宇宙空間に浮かぶ人工衛星が、地球から見て静止しているというのは、地球との相対的位置関係が変化しない、ということである（図2.1のAとBの関係を思い出していただきたい）。つまり、その人工衛星は地球の自転と同じように、24時間で地球を1周しているのである。

## 無重力状態？

　最近は、宇宙ステーションなどにおける宇宙活動が珍しいことではなくなった。日本人宇宙飛行士の活躍もあり、テレビ画面を通じて、宇宙ステーション内の様子や宇宙から見た地球の姿などに触れる機会が少なくない。そうした画像の中で、私たちに、いかにも"宇宙ステーション"を感じさせてくれるのは、ステーション内の空間にフワフワと浮かぶ宇宙飛行士や宇宙飛行士が手に持ったものを離しても落ちることなくそのまま浮かんでいる物体の様子である。それらはまさに"宇宙遊泳"している。これは、一般に「**無重力状態**」つまり重

力が無い状態と説明されている。

しかし、すでに何度も説明したように、"重力"は万有引力そのものであり、"万有引力"は、その名の通り、宇宙のすべての物体間に作用する力である。だとすれば「重力が無い」というのはヘンな話ではないだろうか。

その通り！

「宇宙ステーション内は無重力状態」というのは正しくない。いきなり宇宙ステーション内へ行く前に、地上の「エレベーター内」の"重さ"のことを考えよう。

すでに、"重さ"と"質量"については16ページで述べた。いま、静止したエレベーターの中で、あなたが体重計に乗れば、体重計はあなたの体重 $w$ を示す。重さ $w$ と質量 $m$ との関係は

$$w = mg \tag{2.5}$$

であった。

このエレベーターが上方に向かって加速度 $a$ で動き出すと体重計は $w$ より若干大きな値 $w^+$ を示す。足を乗せた体重計の面が加速度 $a$ に相当する力で足の裏を上方に押すからである。この時の $w^+$ は

$$w^+ = m(g + a) > w \tag{2.42}$$

となる。

逆に、エレベーターが下方に向かって加速度 $a$ で動き出すと体重計は $w$ より若干小さな値 $w^-$ を示す。体重計の面を押す力が加速度 $a$ に相当する分だけ減るからである。この時の $w^-$ は

$$w^- = m(g - a) < w \tag{2.43}$$

となる。

さて、次は、考えるのも恐ろしいことであるが、エレベーターを吊るロープが切れて自由落下する場合はどうだろうか。

エレベーターもあなたも体重計もすべて同じように自由落下しているわけであるから、あなたの両足が体重計の面を押すことはない。したがって、体重計が示す値はゼロになる。

しかし、落下するエレベーターの中で体重がゼロということは、あなた自身の質量がゼロになったことを意味するものではない。エレベーターを自体も体

重計も、そしてあなたも重力加速度 $g$ に従って同じ速度で自由落下しているので、相対的に $g$ がゼロになり

$$w = m(g - g) = 0 \tag{2.44}$$

で表わされるように、重さ $w$ がゼロになっている状態なのである。

この場合でも、自由落下しているのだから、もちろん重力がはたらいているわけで、「無重力」であるわけがない。つまり、"無"なのは重さ（重量）であり、これは「無重力状態」ではなく「**無重量状態**」と呼ばれなければならないのである。

なぜ「宇宙ステーション内は無重力状態」は正しくないか、はもう理解できただろう。

先ほど述べたように、人工衛星や宇宙ステーションが地球を周回するのは、それらが重力加速度に従って常に落下しており、その自由落下の軌跡のカーブが丸い地球の地表のカーブに等しいからであった。したがって、自由落下するエレベーター内と同様に、宇宙ステーション内でも無重力状態ではない無重量状態が生じているのである。宇宙ステーション内の宇宙飛行士や機材はすべて無重量状態なので、自分自身や機材に対しても「重さがない」と感じるのである。

ところで、飛行中の旅客機がエアーポケットに入って急降下し、機内の乗客が大怪我をした、というような事故が報じられることがある。これは「慣性の法則」によって、同じ高さの飛行を続けようとする乗客が、飛行機の急降下についていけないために、機内の天井に叩きつけられた結果の大怪我である。常時、座席のシートベルトを締めておけば、機体と乗客の降下が一体となるので、乗客が天井に叩きつけられるようなことは起こらない。安全のために、飛行機に乗る時はぜひシートベルトの常時着用を心掛けるべきである。

## 2・4 等速円運動

### 等速円運動

ほとんどのレコード盤が CD（コンパクト・ディスク）に変わってしまった現在、実際に見る機会はほとんどないのであるが、回転するレコード盤を想像し

ていただきたい。さらに、その回転するレコード盤の端に乗せられた小さな消しゴムのような物が回転する様子を思い浮かべていただきたい（もちろん、CDも回転するが、回転するCDの上には物を置けない）。

この消しゴムを質点Pとすれば（質点については18ページ参照）、質点Pは一定の等しい速さ（等速）で回転運動することになる（レコード盤が等速で回転してくれなければ、せっかくの音楽がめちゃくちゃになってしまう）。このような等速で決まった円周上を移動する質点の運動を**等速円運動**という。念のために注意しておくが、速さは同じ（等速）であっても、運動の方向は瞬間瞬間の円の接線方向に変化しているわけだから速度は瞬間瞬間に変化していることになるので"等速度"運動ではない。

質点Pが円周を1周するのに要する時間を**周期**と呼ぶ。半径 $r$ [m] の円周上を等速 $v$ [m/s] で運動する質点の周期を $T$ [s] とすれば

$$T = \frac{2\pi r}{v} \tag{2.45}$$

である。また

$$v = \frac{2\pi r}{T} \tag{2.46}$$

である。

## 弧度法

円運動を扱う時に便利な"角度の表わし方"について述べる。

たとえば、図2.14に示すように、半径 $r$ の円を描き、AOからBOに向かう角度∠AOB = $\theta$ を考える。日常的には、この角度の単位として"°（度）"を用いている。直角が90°で、点Aから半周すれば180°、1周すれば360°である。

ここで、新しい角度の測り方として、弧$\stackrel{\frown}{AB}$の長さに基づくものを導入する。これは、AからBまで円周上を動く時、どれくらいの距離を移動したか、という考え方である。もちろん、半径が異なれば、弧$\stackrel{\frown}{AB}$の長さは異なるのであるが、

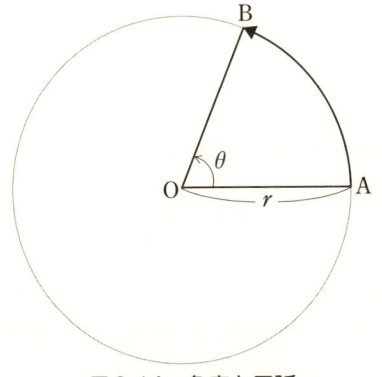

**図2.14 角度と円弧**

1つの円において、中心角∠AOBの大きさと弧$\widehat{AB}$の長さは比例する。このことを使って角の大きさを表わす方法を**弧度法**という。

弧度法では、図2.15に示すように、点Oを中心とする半径1の円周上の2点A、Bに対する中心角∠AOBの大きさを弧$\widehat{AB}$の長さ$\theta$で表わして、ラジアンあるいは弧度という単位（記号はrad）をつける。

半径1の円を1周（360°）すると、弧の長さは円周となり、それは$2\pi$なので、360°が$2\pi$ラジアンということになる。半周の180°は$\pi$ラジアンである。したがって、質点が何周しようとも、その回転角は$2\pi$の倍数で表わされるので、扱いが非常に便利である。この便利さは、次章で述べる「等速円運動と単振動との関係」を扱う時に実感するであろう。

弧度法は、弧の長さで角度を表わす方法である。弧の長さを弧度法で表わすと、半径$r$の円で$\theta$ラジアンの弧の長さ$L$は

$$L = r\theta \tag{2.47}$$

で表わされる。つまり、どのような円でも半径と同じ長さの弧で表わされる角度が1ラジアンであり、1ラジアンは長さ1の弧に対する中心角の大きさであるから

$$1\text{ラジアン} = \frac{180°}{\pi} \fallingdotseq 57.3° \tag{2.48}$$

ということになる。

なお、弧度法には上で述べたラジアン（rad）という単位があるが、radは半径の長さと弧の長さの比であるので、いわば"無次元"の量である。したがって、弧度法の表示では単位のradが省略されることが多い。

## 角速度

質点P（図2.15のA）が円周上を運動する時、角度$\theta$が変化する割合を**角速度**と呼び、一般的に$\omega$（オメガ）という記号で表わされる。その定義から明らかなように、角速度の単位は［角度／時間］であるが、SI系単位としては、表1.2に

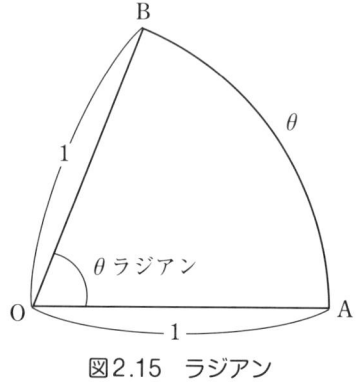

図2.15　ラジアン

示されるように［rad/s］が使われる。

　円周上を角速度で $\omega$ ［rad/s］で回転する質点 P が 1 rad だけ移動するのに要する時間は $\dfrac{1}{\omega}$ 秒なので、1 周するのに要する時間、つまり周期 $T$ ［s］は

$$T = \frac{2\pi}{\omega} \tag{2.49}$$

である。

　角速度の定義から、角速度 $\omega$ で円周上を運動する質点 P が時間 $t$ の間に回転する角度 $\theta$ は

$$\theta = \omega t \tag{2.50}$$

となる。

　ところで、等速円運動は"角速度"が一定の運動だから、等"角速度"運動と呼ぶのはよいが、先述のように、等速円運動は"速さ"が同じ（等速）であっても、運動の方向は瞬間瞬間に変化するから、速度は瞬間瞬間に変化していることになるので"等速度"運動ではない。「角速度」という用語の中に「速度」が含まれるのでやや混乱するかも知れない。「速度」の定義からすれば、私は、いささか語呂は悪いものの「角速さ」という言葉の方が正確だと思っているのであるが、「角速度」が慣用語なのである。

## ＜さらに理解を深めるための参考書＞

1. ファインマン、レイトン、サンズ（坪井忠二訳）『ファインマン物理学 I 力学』（岩波書店、1967）
2. P. G. ヒューエット（小出昭一郎監修）『力と運動』（共立出版、1984）
3. 砂川重信『力学の考え方』（岩波書店、1993）
4. 志村史夫『アインシュタイン丸かじり』（新潮社、2007）

# 振動と波
## ～ウェイビングと膨張宇宙論～

第3章

　私たちは日常生活の中で"波"という言葉にも"波"という現象にもしばしば出合う。調子や成績に波があるという。人込みの中に出て行った時には、人の波に飲まれる。人が飲まれる波には"時代の波"という波もある。これらは、自然界のいたるところで見られる"波"という自然現象から派生した言葉である。

　多分、私たちが初めて意識する自然界の波は、海の波、湖面のさざ波など水がつくる波だろう。波の代表は何といっても、水の波である。それが、いかにも"波"を実感させてくれる形で、私たちの目に見えるからである。

　しかし、私たちの周囲には、さまざまな波が存在する。というよりも、私たちは日々、さまざまな波に囲まれて生活しているのである。耳に飛び込んで来る音も空中を伝わる波である。しかし、私たちが音を波として実感することはない。それは、耳には聞こえる音が、波としては目に見えないからである。

　これら、さまざまな波と"一体的関係"にあるのが"振動"という現象である。音は空気の振動が発するものだし、弦楽器は弦の振動によって音を出す。私たちの生活に不可欠な「交流電気」も振動と深い関係がある。"振動"とは、"何か"が、動かない位置を中心として、左右、前後、上下などに運動を繰り返す現象である。

　振動に関する簡単な物理について知り、日常的な、さまざまな波（波動）について考えてみよう。

## 3・1 単振動

### バネ振動

　普段あまり意識することはないが、バネ（スプリング）は椅子やベッドや自動車のクッションに、また、最近はほとんど見かけなくなってしまったが、バネばかりなどさまざまな物に使われている。

ひとくちに"バネ"といっても、さまざまな形状の物があるが、ここではもっとも単純な構造であるコイルバネについて考える。

いま、図3.1(a)に示すように、最初の長さ$l_0$のバネに質量$m$のおもりを吊るした時、バネが$\Delta l$伸びたとすれば、このバネに加えられた力$F(=mg)$との間に

$$F = mg = k\Delta l \tag{3.1}$$

という関係が成り立つ。$k$は**バネ定数**と呼ばれる比例定数である。バネばかりは、この式(3.1)、つまり「バネの伸びは吊るされた物の重さに比例する」という法則(**フックの法則**)を利用したものである。

質量$m$のおもりを吊るしたバネは、平衡点で静止している。図3.1(b)に示すように、平衡点からさらに下向きに$x$だけバネを伸ばしたとすると、おもりに作用する力は、下方を正の方向とすれば式(3.1)より

$$F = mg - k(\Delta l + x) = mg - mg - kx = -kx \tag{3.2}$$

となる。つまり、おもりは上向きに$kx$の力を受けるので、図3.1(b)に示す点で離したとすれば、おもりは上向きに移動する。離した瞬間には、おもりの移動速度は0であるが、$F = -kx$の力によって加速度が生じるのでおもりは次第に速さを増す。おもりが平衡点に達し、バネの長さが$l_0 + \Delta l$になった時、下

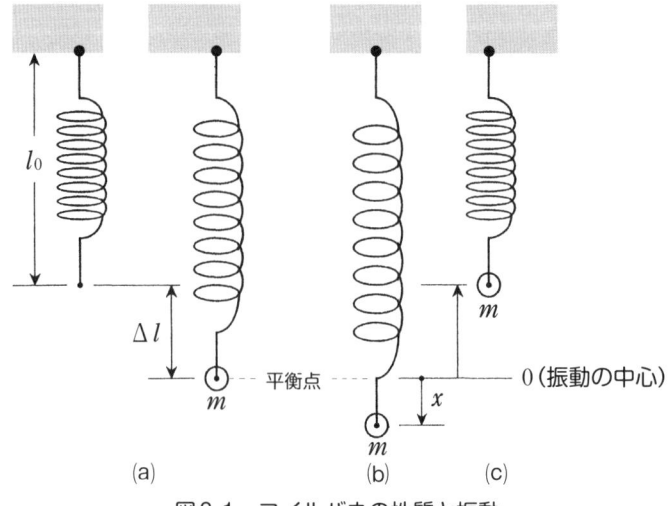

図3.1 コイルバネの性質と振動

向きの力と上向きの力の合力は0になるが、おもりは速さ$v$で運動しているので、図3.1(c)に示すように平衡点を通り過ぎて上方に移動する。バネの長さが$l_0 + \Delta l$より短くなると、こんどは上向きのバネの力は重力よりも小さくなるので、おもりの移動速度は次第に減少し、ついには上方のある点で静止する。その時点でも、おもりは下向きの力を受けているので、こんどは下向きに加速されて下方に移動する。結局、おもりは図3.1(b)、(c)に示すように、平衡点($x = 0$)を中心とする上下の振動を繰り返すことになる。

しかし、振動はいつまでも続くわけではなく、振動の幅(**振幅**)は次第に小さくなり、やがて平衡点の位置で止まる。それは、振動中に空気抵抗などが作用し、振動のエネルギーが徐々に失われるからである。このように振幅が次第に小さくなるような振動を**減衰振動**という。

いま、空気抵抗などを無視し、図3.1に示すバネの振動が永久に続くと仮定した場合のおもりの動きに着目する。

おもりの平衡点($x = 0$)の位置から上方に$A$だけ持ち上げて($x = A$)手を離した時のおもりの変位($x$)の時間的変化を記録することを考える。たとえば、図3.2に示すように、おもりの中心にペンをつけ、そのペンが触れる記録紙を一定の速さで動かせばよい。

おもりは一定の周期$T$で振幅$A$の振動を繰り返し、時間$t$における変位$x(t)$は

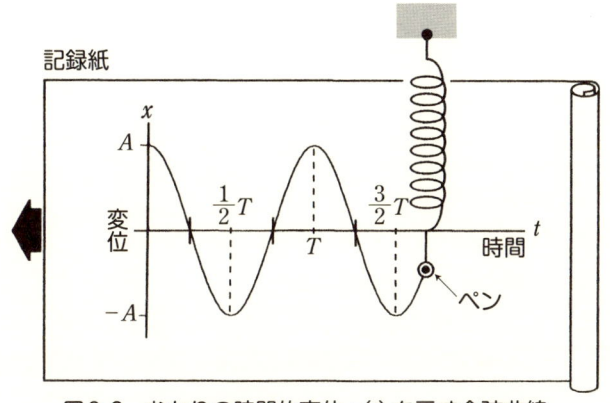

図3.2　おもりの時間的変位$x(t)$を示す余弦曲線

$$x(t) = A\cos\left(\frac{2\pi}{T}\right)t \tag{3.3}$$

で与えられ、$x(t)$ は余弦曲線（コサインカーブ）を描くことがわかる。このように、おもりの時間的変位が余弦（または正弦）曲線で表わされるような振動（より一般的には"運動"）を**単振動**（単純な振動）という。また、式(3.3)で cos の角度に対応する部分の $\left(\frac{2\pi}{T}\right)t$ を振動の**位相**と呼ぶ。この位相は、単振動の変位 $x$ が、1振動の中でどの位置にあるかを示すものである。

図3.2からも明らかであるが、1回の振動に要する時間が周期であり、この振動が1秒間に何回起こるかという回数のことを**振動数**あるいは**周波数**と呼び、通常 "$f$"（frequency の頭文字）という記号で表わす。周期 $T$ と振動数 $f$ との間には

$$T = \frac{1}{f} \tag{3.4}$$

$$f = \frac{1}{T} \tag{3.5}$$

の関係がある。

また、式(3.3)の $\frac{2\pi}{T}$ は $2\pi$ rad（$= 360°$）の角度を移動、つまり1回転するのに要する時間 $T$ で割ったものなので、**角振動数**と呼ばれるが、これは36ページで述べた角速度 $\omega$ と同じものである。つまり

$$\frac{2\pi}{T} = \omega \tag{3.6}$$

で、式(3.3)は

$$x(t) = A\cos\omega t \tag{3.7}$$

とも書ける。

## バネ振動の等時性

バネ振動の周期 $T$ についてもう少し考えてみよう。とても面白いことがわかるのである。

バネに吊るされたおもりの質量を2倍にし、前と同様に $A$ だけ持ち上げて手を離すと、バネ定数 $k$ が同じであればおもりに作用するバネの力は変わらないが、質量が2倍になっているので加速度は $\frac{1}{2}$ になり、速度の増し方も $\frac{1}{2}$ になる。つまり、おもりはゆっくりと上下振動し、周期 $T$ が長くなるだろう。また、

おもりの質量は同じで、バネ定数を2倍にすると、式(3.1)より、同じバネの伸び$A$に対する力は2倍になり、速度の増し方も2倍になる。つまり、上下振動が速くなって周期$T$が短くなるだろう。質量もバネ定数も同時に2倍にした場合は加速度の変化は前と変わらないので、周期も変わらない。結局、質量$m$とバネ定数$k$が変わっても、$m/k$(あるいは$k/m$)が同じであれば、周期が同じ、つまり同じ振動数の振動をするということがいえそうである。

このことを、数学的に確かめて、すっきりしたい。

単振動するおもりの速さ$v$は、式(3.7)を時間$t$で微分することによって得られる(12ページ参照)。つまり

$$v = \frac{dx}{dt} = -A\omega \sin \omega t \tag{3.8}$$

である。また、加速度$a$は、式(3.8)をさらに時間$t$で微分して(15ページ参照)

$$a = \frac{dv}{dt} = -A\omega^2 \cos \omega t = -\omega^2 x \tag{3.9}$$

となる。

ニュートンの運動方程式($F = ma$)とフックの法則($F = -kx$)から

$$ma = -kx \tag{3.10}$$

となり、式(3.9)の$a = -\omega^2 x$を式(3.10)に代入して得られる

$$\omega = \sqrt{\frac{k}{m}} \tag{3.11}$$

を式(3.6)に代入して

$$T = 2\pi \sqrt{\frac{m}{k}} \tag{3.12}$$

が得られる。つまり、式(3.12)には振幅$A$が含まれておらず、バネ振動の周期$T$は振幅に関係なく、$\frac{k}{m}$の値のみで決まるということになる。これをバネ振動の**等時性**という。

## 単振り子

私たちが"振り子"という言葉ですぐに思い浮かべるのは、最近はあまり見かけなくなってしまったが、床置き時計や柱時計などの"振り子時計"だろう。また、昔、学校の音楽教室のピアノの上にあったメトロノームの振り子も懐かしいが、残念ながら、最近のメトロノームのほとんどはデジタル方式の小さなものになってしまった。

伸び縮みしない、さらに重さを無視できる細い丈夫な糸の先におもりを吊る

し、図3.3に示すように、重力がはたらいている鉛直面内で振動する振り子を**単振り子**という。単振り子は単振動する。振り子時計の基本原理は、この単振り子の単振動にある。

単振り子の運動力学について図3.4を見ながら考えてみよう。一見複雑そうであるが、一歩一歩考えれば難しいことはない。

おもりの質量を$m$、糸の長さを$l$、糸と鉛直線との角度を$\theta$とし、この位置をBとする。この時、糸にはたらく張力$T_s$と重力の糸の方向の成分（$mg\cos\theta$）とはつり合っている。おもりが鉛直線の位置（A）まで戻ろうとする復元力$F$は、右回りに増加する向きを正として

$$F = -mg\sin\theta \quad (3.13)$$

で与えられる。この復元力$F$がおもりを単振動させる原動力である。

弧$\stackrel{\frown}{AB}$の長さを$x$とし、運動するおもりの加速度を$a$とすれば、$F = ma$と式(3.13)と加速度の微分を使った定義より

$$a = -g\sin\theta = \frac{d^2x}{dt^2} \quad (3.14)$$

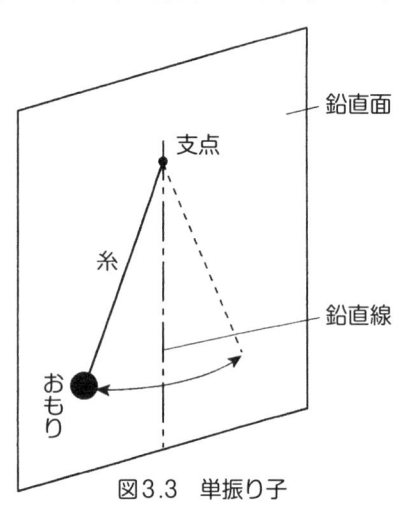

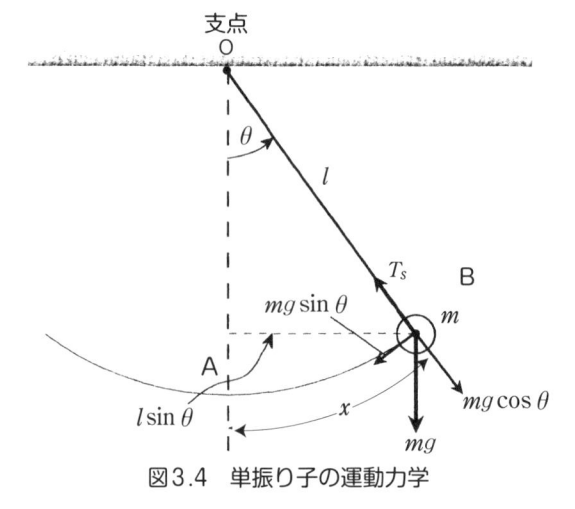

図3.3 単振り子

図3.4 単振り子の運動力学

が成り立つ。振れの角 $\theta$ が小さい場合 ($< -5°$) は、$\sin\theta \fallingdotseq \theta$、さらに $x \fallingdotseq l\theta$ と近似できるので、式 (3.14) は

$$\frac{d^2x}{dt^2} = -g\theta = -\left(\frac{g}{l}\right)x \tag{3.15}$$

と書ける。式 (3.9) と式 (3.15) から

$$\omega^2 = \frac{g}{l} \tag{3.16}$$

$$\omega = \sqrt{\frac{g}{l}} \tag{3.17}$$

が得られ、式 (3.17) を式 (3.6) に代入して

$$T = 2\pi\sqrt{\frac{g}{l}} \tag{3.18}$$

が求まる。つまり、単振り子の場合も、周期 $T$ は糸の長さ $l$ と重力の加速度 $g$ によってのみ決まり、おもりの質量 $m$ や振幅（振れ角 $\theta$）の大きさに関係ない等時性が示されるのである。

最近はほとんど目にすることがなくなってしまったが、振り子時計の場合、一般的に金属でできている振り子竿（図3.3、図3.4の糸に相当）の長さは気温の変化によって伸縮するので周期 $T$ が変動し、時計が"狂う"ことになる。したがって、振り子の下に設けられている調節ネジで振り子竿の長さ（つまり、おもりの位置）を一定に保つ操作が必要であった。"おもりの位置"によって、周期を調節することを直接的に実感できるのが昔のメトロノームであった。

## 等速円運動と単振動

夜、自動車を運転している時、前を行く自転車のペダルの反射板が光って見えることがある。観察される反射板の動きは上下振動である。しかし、実際のペダルは円運動をしているのである。円運動と振動は密接に関係しているようである。というよりも、同じ運動が見方によって円運動にも、振動にもなる、というのが正確ないい方であろう。

円運動と振動との関係を詳しく調べてみよう。

回転するレコード盤の端に乗せられ等速円運動する（図3.5 (a)）小さな消しゴム（質点P）を真横から見たとすると、いま上で述べた回転するペダルが上下振動するように見えるのと同じように、質点Pは1と7の点の往復を繰り返す振動をすることがわかるだろう（図3.5 (b)）。

図3.5 等速円運動(a)と単振動(b)

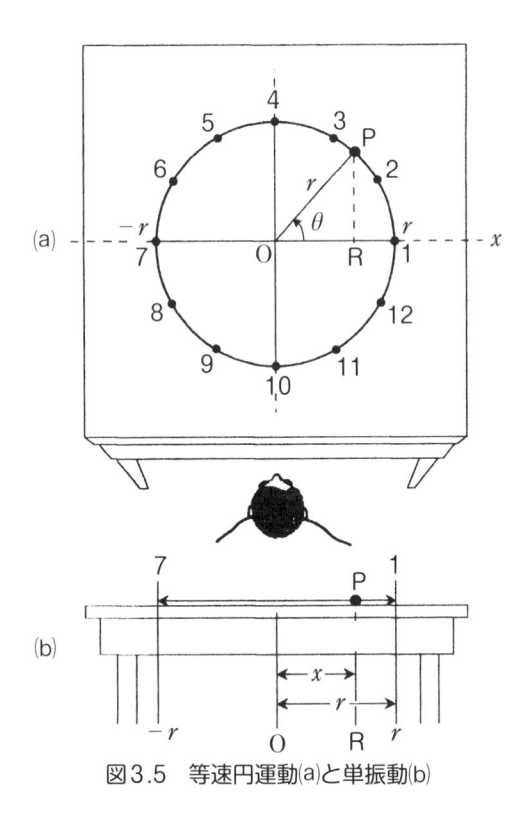

　図3.5に示すように、回転の中心をO、回転角を$\theta$、Pの$x$軸上への投影点をRとすれば

$$x(\theta) = \mathrm{OR} = r\cos\theta \tag{3.19}$$

となる。質点Pの角速度を$\omega$とすれば、Pが1の点をスタートしてから時間$t$後の回転角は、$\theta = \omega t$だから式(3.19)は

$$x(t) = r\cos\omega t \tag{3.20}$$

となり、式(3.6)を式(3.20)に代入すれば

$$x(t) = r\cos\left(\frac{2\pi}{T}\right)t \tag{3.21}$$

となる。式(3.20)、(3.21)は式(3.7)と同じであり、質点Pの$x$軸上への投影点Rは図3.5(b)に示す単振動をすることが確かめられる。式(3.21)と図3.5(a)に示される円周上の各点とを対応させて図示すれば図3.6のようになる。この図は基本的には図3.2と同じであり、バネ振動と等速円運動によって生じる単

振動が同じであることを視覚的に理解できるだろう。

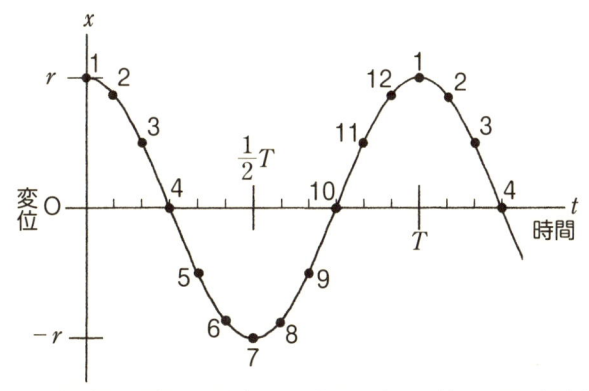

図3.6　等速円運動する質点Pの時間的変位 $x(t)$ を示す余弦曲線

## 3・2　波の性質

**波の発生**

　誰でも、池やプールに小石を投げ込むと、その小石の落下点を中心にして、同心円状の波が拡がって行く様子を見たことがあるだろう。また、誰でも、小さい頃、ロープの端を持って手を動かし、地面の上で波や輪をつくって遊んだことがあるだろう。図3.7に示すように、手を上下に一振りすると、その上下運動がロープに伝わって一つの波が生じ、それが前方に進行する。手の上下運動を規則正しく繰り返せば、図3.8に示すように、上下運動の回数分だけ山と谷の規則正しく並んだ連続的な波が生じ、前方に伝わって行く。

　次に、図3.9に示すように、空間に浮かんだ仮想的なコイルバネの端を持ち、手を規則的に前後（図では左右）に動かすと、バネが圧縮されて密になった部分と伸びて疎になった部分が規則的に繰り返されて、左から右の方へ波として伝わって行く。これも**疎密波**と呼ばれる波の一種である。

　また、太鼓をたたくと音が出るが、これは図3.10に示すように、バチでたたかれた太鼓の皮の振動によって生じた空気の疎密波である。その疎密波が耳の鼓膜を振動させた結果が私たちが聞く**音**である。

　ここで、あらためて、"波" を定義しておこう。

図3.7　ロープを伝わる一つの波

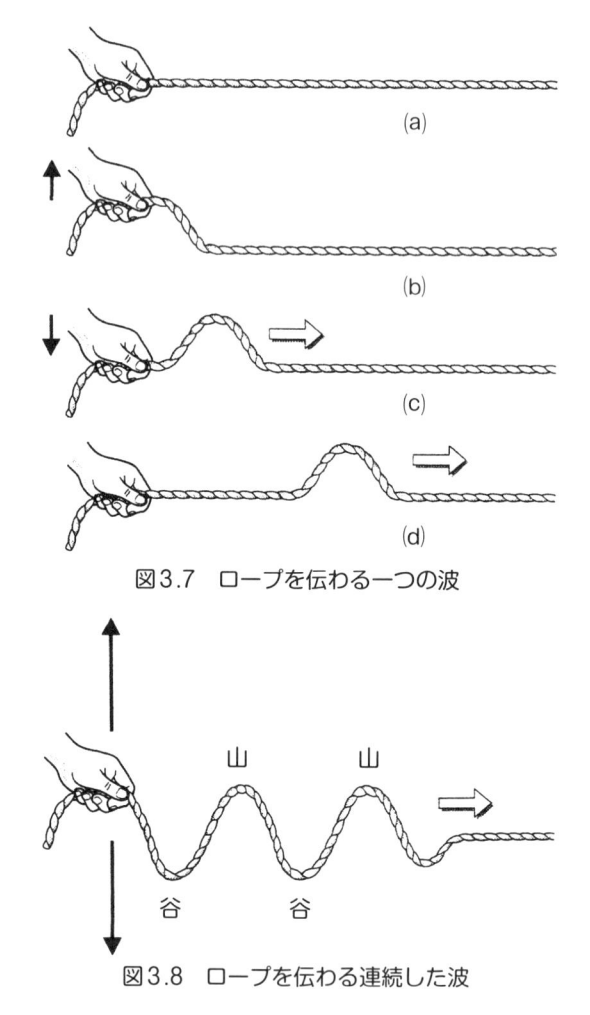

図3.8　ロープを伝わる連続した波

　波は"何か"の振動で発生し、「ある場所の状態の変化が次々に隣の場所に伝わって行く現象」である。また、図3.7～図3.10からも明らかなように波と振動とは一体のものである。その振動を伝えるものを**媒質**という。媒質は、振動する"何か"であり、いま述べた波の例でいえば、水、ロープ、バネ、空気である。一般的に波は媒質（たとえば水などの物質）と一体であるが、後述する電磁波と総称される波は媒質を必要としない、つまり何もない真空中でも伝わる奇妙な波である。

図3.9　コイルバネの疎密波

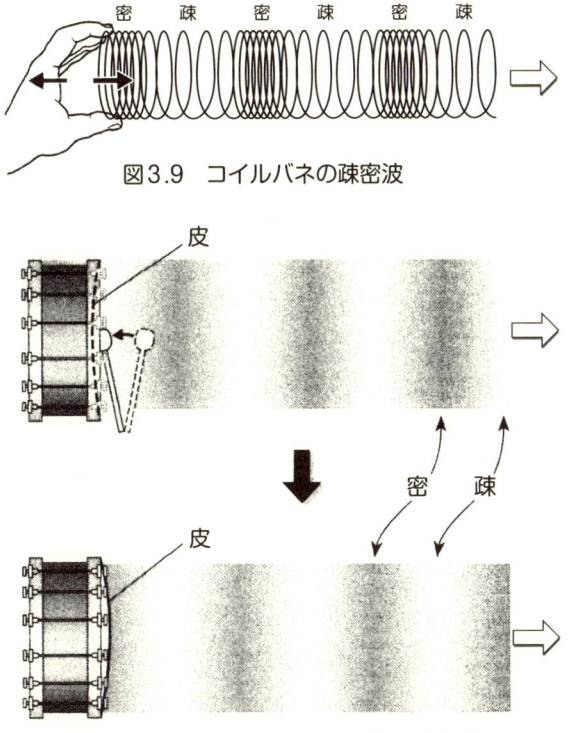

図3.10　太鼓によって生じる空気の疎密波

## 波の本質

　ここで、波の進行(伝播)と媒質の動きについて考えてみよう。

　静かな水面に小石を投げ入れれば、石が落ちた点を中心にして同心円状に波が拡がって行く。このような水面上の波の断面を模式的に描いたのが図3.11である。水面の形は余弦(あるいは正弦)曲線になっている。このような形状の波紋が中心から外側へ同心円状に拡がって行く。この"同心円"をつくる山や谷のように、ある時刻において同じ変位の点を連続的にたどった線を波面と呼ぶ。波面の形によって、波は平面波、直線波、円形波、球面波などに分類される。図3.11に示した同心円状の波は円形波である。ある1点から3次元的に一様に拡がる波は球面波である。

　読者の中には釣りが好きな人もいるだろう。釣りには浮きを使うものと使わ

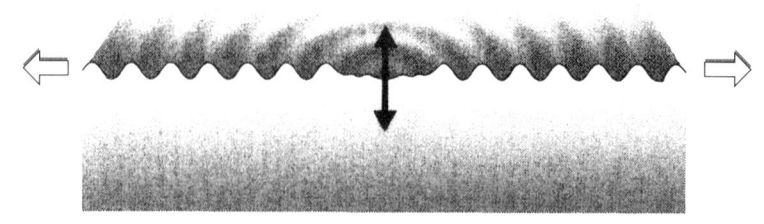

図3.11 水面の波の断面模式図

ないものがあるが、図3.11のような水面に浮かぶ浮きのことを思い浮かべてみよう。水面の波は同心円状に進行するので、媒質である水そのものが中心から外側へ移動して行くように思える。したがって、浮きも、その水に運ばれて外側へ動いて行くと考えたくなるのではないだろうか。ところが、釣りの経験者なら誰でも知っているように、風の影響がなければ浮きは移動することなく、同じ場所で水面の波の山と谷に応じて上下振動を繰り返すだけである。

異なった時刻（$t_1 \sim t_4$）における浮きの位置と進行する波との関係を図3.12で考えてみよう。このような図に見覚えがないだろうか。図3.2を思い出していただきたい。図3.2はコイルバネに吊るされたおもりが上下振動する場合の時間的変位を示すものだった。図3.12の浮きは図3.2のおもりに相当する。

時刻$t_1$の時、浮きは山、つまり図3.2の$x = A$の位置にあり、時間の経過とともに浮きの位置が下がり、時刻$t_4$で谷、つまり図3.2の$x = -A$の位置に達する。この後、浮きは逆の動きをして、$x = A$と$x = -A$の間の上下振動を繰り返すことになる。

このように、図3.12で水の波が右方向に進行しても、水に浮かぶ浮きが、波の進行に伴って右方向に移動することなく同じ場所で上下振動するということは、浮きを支える水という物質が右方向に移動することなく上下振動していることを意味する。媒質である水の上下振動の様子を表わしているのが浮きなのである。つまり、水の波が進行しても、媒質自体が進行しているわけではない。先に定義したように、振動が伝わる現象が波なのである。

野球場やサッカー場をびっしり埋めた観客が順次立ち上がって「バンザイ」をすることによって、あたかも海の大波のような"波（ウェイブ）"が観客席を伝わって行くように見える"ウェイビング（waving）"が"波の本質"を明瞭に

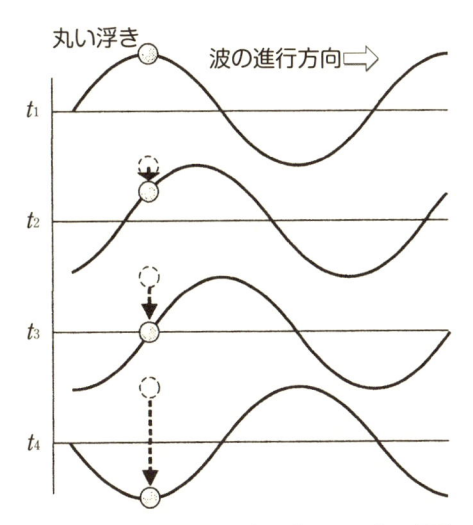

図3.12　波の進行とピンポン玉の上下振動

図3.13　ウェイビングによって生じる波

示している。図3.13に示すようにウェイビングを起こす媒質は観客だが、観客自身が波の進行方向に移動するわけではなく、一人一人の観客（媒質）がその位置で上下に振動しているだけである。図3.12には1個の浮きしか描かれていないが、これは、図3.13で1人の観客しか描かれていないことに相当する。

　ところで、2011年3月、東北地方に未曾有の甚大な災害をもたらした巨大な津波は記憶に新しいが、じつは"津波"は"波"ではない。津波は、台風の時などに見られる高波の一種ではない。いま述べたように、"波"は媒質（この場合は海水という物質）の振動が伝わる現象であり、海水という物質そのもの

が海岸まで運ばれるものではない。津波は、震源地の海底から水面までの巨大な体積の物質（海水）、つまり巨大なエネルギーの塊が海岸に押し寄せて来る現象である。ウェイビングの例でいえば、満員の観客が大挙して押し寄せて来るようなものである。したがって、巨大な津波は"防波(潮)壁"のようなもので防げるものではないのである。

## 波の定量的記述

　すでに、波とは何かについては十分に理解していただけたと思う。いままでに述べたロープ、バネ、水の波、いずれも"見掛け"はかなり違うのであるが、同じ"波"である。ここで、波の本質を定量的に把握するために、波の定量的記述について触れておこう。

　ロープや水面の波はいかにも波の形をしているが、コイルバネの疎密波はいかにも波の形をしていない。まず、このような疎密波をいかにも波の形に表わすことからはじめよう。

　疎密波は、媒質の密度が"疎(低)"の部分と"密(高)"の部分が規則的に繰り返されて伝わって行く波である。図3.10に示した空気（媒質）の定性的な密度（図3.14(a)）は図3.14(b)のように定量的に表わすことができる。このように、いかにも波の形をしていない疎密波もいかにも波の形に表現できるのである。

　いままで、波を定量的に表わすグラフの縦軸は位置や密度を意味したのであるが、これらを一般化すれば"媒質の変化量"ということになる。そこで、波を一般的な形式で表わすと図3.15のようになる。

　波は"媒質の変化量"の山（密）と谷（疎）が交互に続いた形をしており、それらが波の進行方向を時間の軸にとれば周期（$T$）、距離の軸にとれば波長（$\lambda$）ごとに周期的に繰り返されている。図3.15では周期は谷から谷までの時間として描かれているが、もちろんそれは山から山まででも、等価な（位相が同じ）2点間であれば同じである。波長についてもまったく同じことがいえる。要するに42ページで述べたように、1回の振動に要する時間が周期であり、この振動が1秒間に何回起こるかという回数が振動数あるいは周波数で、周期$T$と振動数$f$との間には

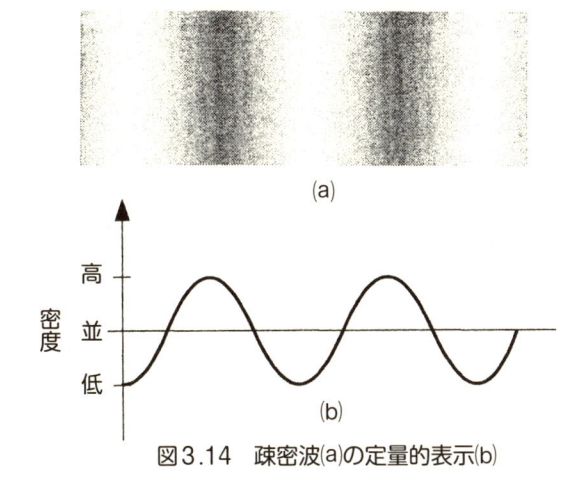

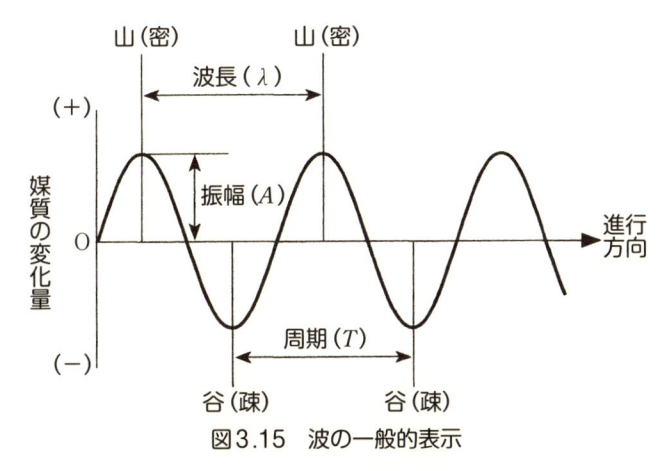

図3.14　疎密波(a)の定量的表示(b)

図3.15　波の一般的表示

$$T = \frac{1}{f} \tag{3.4}$$

$$f = \frac{1}{T} \tag{3.5}$$

の関係があった。振動数(周波数)には"ヘルツ(Hz)"という単位が用いられる。

そして、波長は"1つの波の長さ"のことだから、波の速さを$v$とすれば

$$v = \frac{\lambda}{T} \tag{3.22}$$

の関係がある。

また、山の高さ（図3.15のAに相当）、あるいは谷の深さ（図3.15の-Aに相当）が振幅である。

## 横波と縦波

媒質や形などの違いからいえば、私たちの身の回りには多種多様な波が存在するが、すべての波は物理的な観点から**横波**と**縦波**に分けられる。

ロープの波（図3.8）、水の波（図3.11）そしてウェイビング（図3.13）の波とコイルバネ（図3.9）、音（図3.10）の疎密波をじっくり眺めていただきたい。それぞれのグループの特徴は何であろうか。

ロープの波、水の波そしてウェイビングはいずれも媒質の振動方向（上下）が波の進行方向に対して垂直になっている。このような波を**横波**と総称する（じつは、厳密にいえば、水面の波は純粋な横波ではなく、その実体はやや複雑なのであるが、本書では便宜上、横波として扱うことにする）。

一方、疎密波の場合は、媒質の振動方向（前後）が波の進行方向と平行になっている。このような波を**縦波**と総称する。現象を考えると、私には、波の名称の"横"と"縦"が逆のように思えて仕方ないのであるが、とにかく、これらが物理学的名称である。

波にもいろいろあるが、"ありがたくない波"の代表は地震である。地震は、地殻の断層のずれや火山の噴火などの自然の力によって発生する地面の振動によって生ずる。地震には"横揺れ"と"縦揺れ"の二種類ある。これは、図3.16に示すように、P（primary）波と呼ばれる縦波（揺れは"横"）とS（secondary）波と呼ばれる横波（揺れは"縦"）のためである。

縦波であるP波は地殻が圧縮あるいは伸張され、その疎密が伝わるものである。一方、横波であるS波は地殻のずれや変形がロープや水面の波のように伝わるものである。P波はS波より速く伝わるので、地震の時はまず横揺れが来て、それから間をおいて縦揺れが来る。この"間"の長さ（時間）から震源までの距離が計算できる。

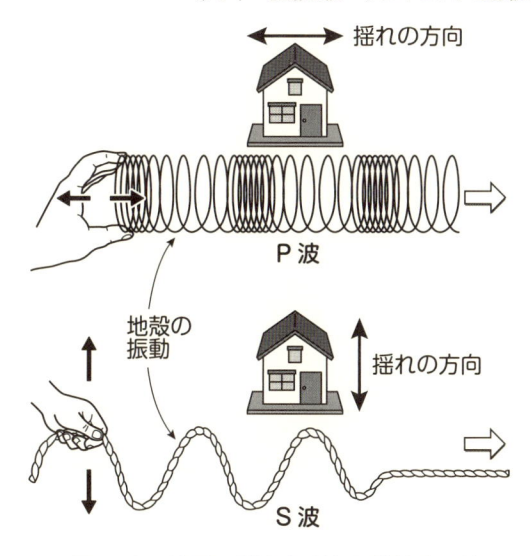

図3.16 地震の縦波（P波）と横波（S波）

# 3・3 音

## 音の3要素

図3.10で説明したように、音は空気の振動によって生じる疎密波であった。これを、もう少し厳密にいえば、空気の圧力の平均（大気圧）より高い部分（密）と低い部分（疎）が周期的に生じ、それが伝わって行く現象が**音波**である。

私たちの周囲には高い音、低い音、大きな音、小さな音、美しい音、耳障りな音などなどさまざまな音がある。聞こえ方が違うこれらの音は、いったい何が違うのだろうか。さまざまな音を考える上で基本になるのが、図3.15に示した音波の"形"である。

同じ音でも、その"聞こえ方"には多少の個人差があるものの、それは基本的には高低、強弱、音色の**音の3要素**に依存する。これらを図3.17にまとめて示す。

それぞれの音を1a、1b、……、3a、3bと名づけ、それぞれの音波の振動数を $f_{1a}$、$f_{1b}$、……、振幅を $A_{1a}$、$A_{1b}$、……とする。a、bの対の音波は、3要素のうち2要素は同じである。1aの音は1bの音より高い（$f_{1a} > f_{1b}$）。また、2aの

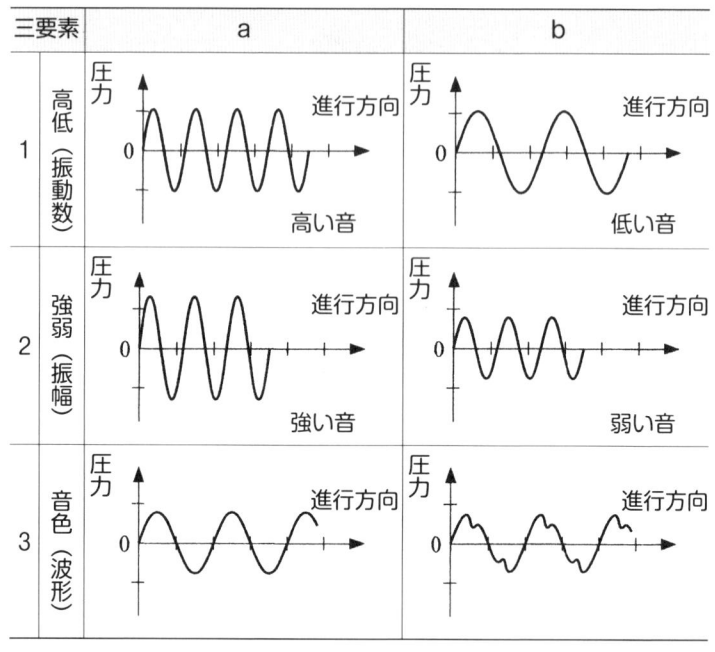

| 三要素 | a | b |
|---|---|---|
| 1 高低（振動数） | 圧力／進行方向／高い音 | 圧力／進行方向／低い音 |
| 2 強弱（振幅） | 圧力／進行方向／強い音 | 圧力／進行方向／弱い音 |
| 3 音色（波形） | 圧力／進行方向 | 圧力／進行方向 |

図3.17　音の三要素

音は2bの音より強い（$A_{2a} > A_{2b}$）。3a、3bの音は$f_{3a} = f_{3b}$、$A_{3a} = A_{3b}$だから、高さも強さも同じだが、波形が異なるので音色が違う。しかし、物理的には高さと強さが同じ音でも音色が異なれば、私たちの耳に同じ高さ、同じ強さの音に聞こえるとは限らない。実際に私たちに聞こえる音の高さと強さは、自分の音の好みに依存するものと思われる。たとえば、嫌いな音は、それが物理的には弱い音であっても、感性的には強く聞こえるに違いない。

## 楽器の音

　音楽とは"音を楽しむこと"であり、楽しませてくれる音を発する器具が楽器である。オーケストラで見られるさまざまな楽器に世界の民族楽器を加えたら、楽器の数がどれだけあるのか見当がつかないほどである。異なる楽器からは、その楽器特有の異なる音が発せられるが、その違いは上で述べた音の3要素、特に波形の違いで説明される。

いくつかの楽器の典型的な音の波形を図3.18に示す。耳に快い音は規則性のある美しい波形を持っているものである。それに対し、一般的には不快な音である雑音の波形は図3.19に示すように規則性がなく、美しい波形ではない。

さまざまな楽器は、打楽器、弦楽器、管楽器などに大別されるが、結局、"音を発するもの"、つまり"振動するもの"は何か、が分類の基準である。楽器の場合、一般に"振動するもの"は弦、膜（皮）、棒（板）あるいは気柱（管の中の空気）のいずれかである。次項で、これらのうち、弦の振動について考えてみよう。

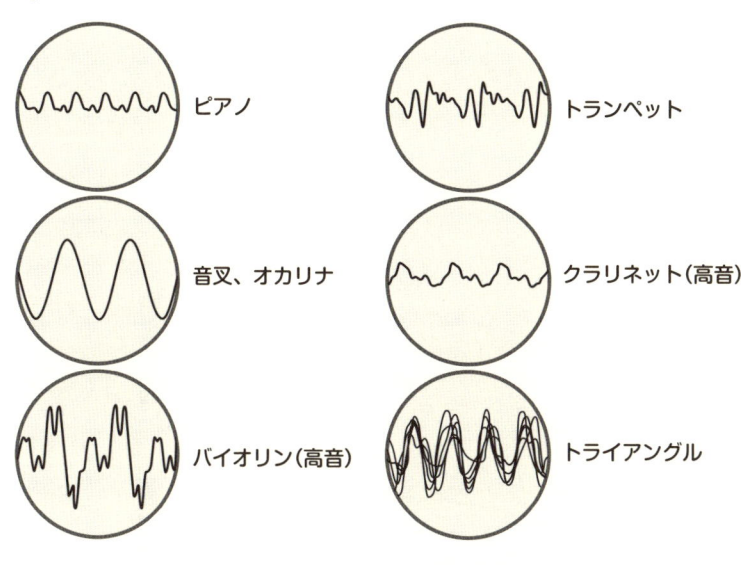

ピアノ

トランペット

音叉、オカリナ

クラリネット（高音）

バイオリン（高音）

トライアングル

図3.18　楽器の音の波形例

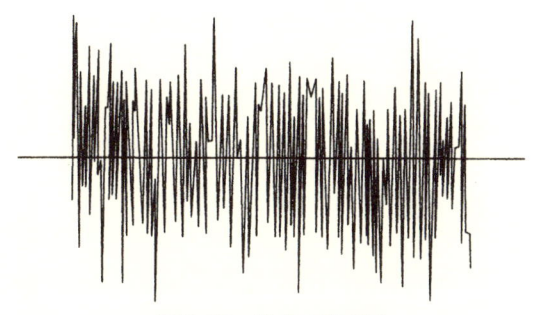

図3.19　雑音の波形例

## 弦の振動

いま、図3.20(a)に示すように、ピンと張られた長さ $l$ の弦を弾いたとする。この時、誰でも想像できるのは、(b)に示すような弦の振動（基本振動・基本音）であろう。しかし、実際には(c)や(d)、さらに細かい振動（$n$ 倍振動）も同時に起こるのが普通である。つまり、私たちの耳に聞こえるのは、これらの音の**複合音**ということである。複合音の波形がどのようなものになるかを示したのが図3.21である。この図3.21から図3.18に示す波形がそれぞれの楽器の複合音のものであることがわかるだろう。合奏やオーケストラで奏でられる音は、各楽器の複合音がさらに複合されたものである。

音波に限らず、一般的に波の特徴の一つは、複数の波が重ね合わされ、その結果、**複合波**ができるということであり、その複合波の性質は単純な"足し算"

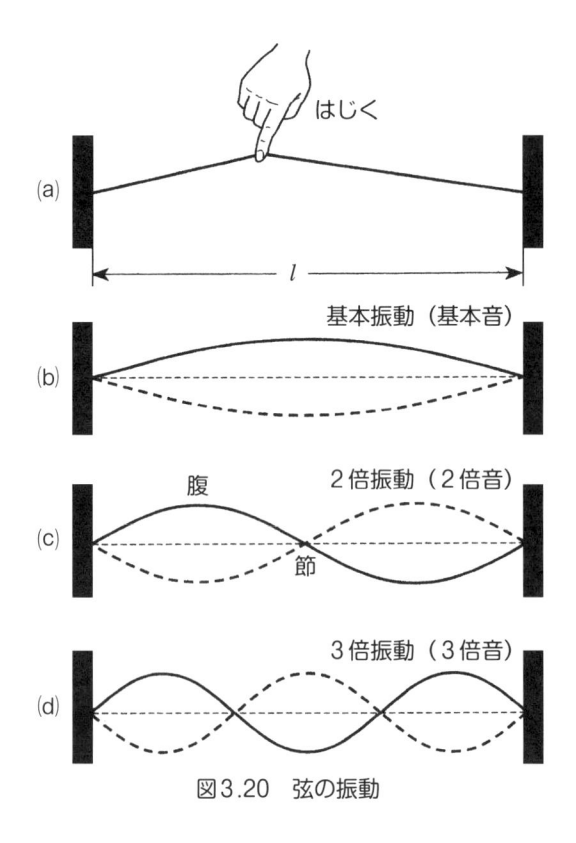

図3.20 弦の振動

第3章　振動と波〜ウェイビングと膨張宇宙論〜　　59

```
基本音
2倍音
3倍音
  → 複合  複合音
```

図3.21　複合音の波形

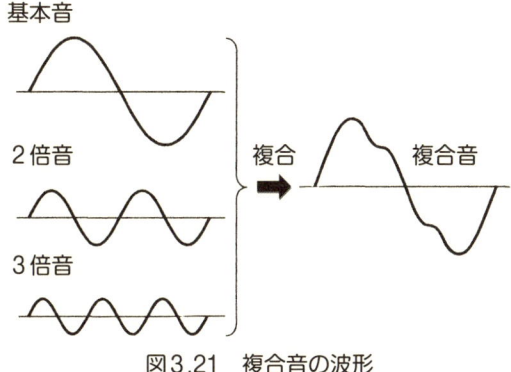

で求められる（**重ね合わせの原理**）。重ね合わされ方（位相）の違いによって、複合波の波形は異なるし、次節で述べる**干渉**という現象も起こる。

ところで、図3.20に示す波形の中で、振幅が極大になっている部分を腹、振幅がゼロの部分を節と呼ぶ。そして、(b)〜(d)に示されるような腹と節の位置が変わらない、つまり進行しない波を**定在波**と呼ぶ。

図3.20に示される基本音や $n$ 倍音の振動数 $f_n$ について考えてみよう。

式(3.5)と式(3.22)から振動数 $f$ は

$$f = \frac{v}{\lambda} \tag{3.23}$$

で与えられる。導出過程は章末の参考書を見ていただくとして、弦の波の速さは、弦の張力を $F$、弦の太さと材質に依存する線密度 $\sigma$ をとすると

$$v = \sqrt{\frac{F}{\sigma}} \tag{3.24}$$

で与えられる。そして、式(3.23)、式(3.24)から

$$f = \left(\frac{1}{\lambda}\right)\left(\sqrt{\frac{F}{\sigma}}\right) \tag{3.25}$$

が得られ、図3.20に示される $n$ 倍音（基本音は $n=1$）の波長が $l$ の何倍あるいは何分の1になるのかを考え、その値を式(3.25)に代入すれば

$$f_n = \left(\frac{n}{2l}\right)\left(\sqrt{\frac{F}{\sigma}}\right) \tag{3.26}$$

となる。

ここで、式(3.26)を見ながら、ギターのような弦楽器で音の高低をどのように調節するのかを考えてみよう。実際に演奏したことがある人にとっては自明のことであるが、それが、当然のことながら物理的にかなったことであるの

を確認するのは興味深いと思われる。

すでに述べたように、音の高低は振動数で決まるので、式(3.26)の$l$、$F$、$\sigma$を単独に、あるいは同時に複数変化させることによって音の高低を調節することになる。

指で押さえる位置を変えることによって$l$が、弦の張り方を変えることによって$F$が、そして太さの異なる弦を使うことによって$\sigma$が変化して$f$が変わる、つまり音の高低が変わるのである。

## 音波の速さ

波の伝わる速さは、波の種類、媒質、温度などに依存するが、一般的にいえば、媒質が力を加えられた時に形や体積を変えにくいものほど大きくなる。波の速さを数式を使って定量的に扱うのはかなり厄介なので、それは章末に掲げる参考書に任せるとして、ここでは、私たちにとって身近な音の波の速さ(音速)について述べることにする。

夏の夜、遠くで打ち上げられた花火を見た時、数秒遅れでドーンという音を聞く経験は誰でも持っているだろう。また、ピカッと稲妻が光ってからゴロゴロゴロという雷の音がすることも誰でも知っている。

このような現象が起こるのは光と音の伝わる速さが異なるからである。次章で述べる光が秒速30万 km という速さで伝わるのに対し、音速は桁違いに小さいので、花火で光と音が同時に発せられても、音は遅れて届くのである。

音は図3.10に示したような疎密波で、媒質の圧縮(密)と膨張(疎)が伝わる現象である。このことからも容易に想像できるように、音速は媒質の種類によって異なる。また、媒質の性質は温度によって異なるので、音速は温度にも依存することになる。もっとも身近な音の媒質である空気の場合、温度$T$℃における音速$v$は

$$v \simeq 331.5 + 0.6T \quad [\text{m/s}] \tag{3.27}$$

で得られる。つまり、常温(20℃)の空気中の音速はおよそ343.5m/sである。

たとえば、花火が見えてから$t$秒後にドーンという音が聞こえたら、それはおよそ343.5$t$メートル先の花火であることがわかる。

また、特に好天の日、昼間は聞こえない音、たとえば遠くを走る列車の汽笛

や電車の音が夜になるとはっきり聞こえた、という経験を持っている人は少なくないだろう。もちろん、夜になると周囲が静かになるということも無視できないが、じつは、このことには式(3.27)が関わる本質的な理由がある。

地面と大気の熱的性質（比熱、熱容量）の違いから、好天の昼間は地面に接する空気の方が上空の空気よりも温かい。ところが、夜になると放射冷却の作用で地表面の空気の方が上空の空気より冷たくなる。

すると、図3.22(a)に示すように昼間は地表に近いほど音速が大きくなり、音の進路は地表から遠ざかるように上方に曲げられる。つまり、音は遠方の地上には届かない。夜になると逆に上空ほど音速が大きくなり、図3.22(b)に示すように音の進路は地表に近づくように曲げられる。このために、音は遠方まで届くのである。

参考のために、さまざまな物質中の音速の目安を表3.1にまとめておく。水中では音が空中の4～5倍の速さで進むことがわかる。また、踏切などでレールを介して遠くで走る電車の音が聞こえて来ることがあるが、これは鉄鋼中を伝わる音速が大きいためである。

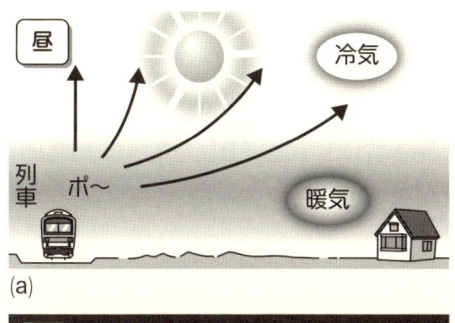

図3.22 音の屈折

表3.1 さまざまな物質中の音速

| 物質（媒質） | | 音速 [m/s] |
|---|---|---|
| 気体 | 空気 | 340 |
| | ヘリウム | 1000 |
| | 水素 | 1300 |
| 液体 | 淡水 | 1440 |
| | 海水 | 1560 |
| 固体 | 鉄鋼 | ～5000 |
| | ガラス | ～4500 |
| | アルミニウム | ～5100 |
| | 堅い木 | ～4000 |

## 3・4 波動現象

### ホイヘンスの原理

図3.23に示すように、波源Oから速さ$v$で3次元空間に発した球面波の時刻$t$における波面$\overset{\frown}{AA'}$を考える。波面$\overset{\frown}{AA'}$上のすべての点は振動していて、その各点O'を新しい波源として新しい波(2次波)が速さ$v$で周囲に拡がって行く。2次波は後方にも拡がるが、後方から前進して来る波(図3.11参照)によって打ち消され、結果的に前進する波だけが残り、2次波の波面が形成される。

このように、「ある瞬間の波面上のすべての点は、新しい波の源となって、球面波を送り出す。短時間後の波面は、これらの球面波(2次波)の包絡面となる」というのを**ホイヘンスの原理**と呼ぶ。

図3.23の上段に示すように、波源に近い波の波面は球面になっているが、波源から離れた遠方では平面とみなすことができる。そこで、このような平面波を、図中Rで示したような1本の矢印で表わすと便利である。

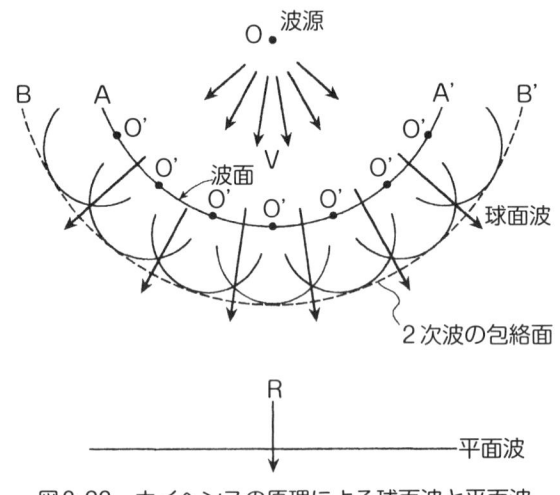

図3.23 ホイヘンスの原理による球面波と平面波

### 回 折

波は壁や障害物に当たると**反射、屈折、回折**という現象によって進路が曲げられる。これらの反射、屈折については次章の光で触れることにして、ここで

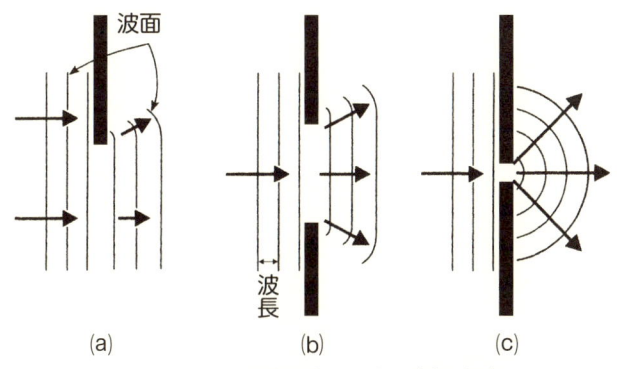

**図3.24　すき間の大きさと回折の程度**

は回折について述べる。

　海岸に寄せる波の進行方向が海面から突き出た岩や防波堤によって変わる（図3.24(a)）のを見たことがあるだろう。このような現象が回折である。また、図3.24(b)、(c)に示すように、波はすき間（スリット）を通過する時にも回折するが、波長に対し、すき間の幅が小さいほど、すき間の端での曲り方が大きくなる。

## 干　渉

　釣り舟に乗って釣りに出た時など、舟がすれ違う時にそれぞれの舟がつくる水面の波を見ていると面白い。2つの波は図3.21のように重ね合わせの原理にしたがって重なり合うのだが、瞬間的に大きな波ができたり、波が消えてしまったりすることがある。2つの波が互いに強め合ったり弱め合ったりしているのである。

　このように、複数の波が重なり合うことによって、強め合ったり弱め合ったりする現象を**干渉**という。これは、粒子では起こり得ない波特有の現象である。

　話を簡単にするために、図3.25で波長（$\lambda$）と振幅が等しい2つの波の干渉について考えよう。

　波長（$\lambda$）のずれ（**位相差**）がゼロの場合は（位相差が$\lambda$の整数倍の$n\lambda$の場合もずれはゼロになる）、(a)に示すように2つの波は強め合い、振幅が2倍の大きな波が生じる。しかし、ずれが$\frac{\lambda}{2}$の場合には（ずれが$\left(n+\frac{1}{2}\right)\lambda$の場合も

図3.25 波の重ね合わせ(干渉)

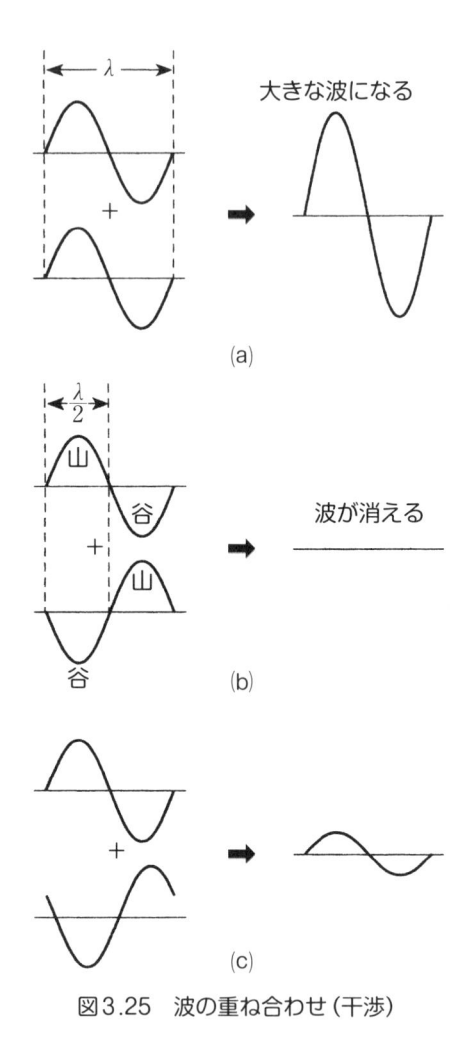

同じ)、(b)に示すように2つの波はきれいに打ち消し合って波が消える。(c)に示すのは(a)、(b)の中間の場合で、振幅の大きさはずれの程度に依存し、2つの波の中間になる。

### ドップラー効果

疾走して来る消防車のかん高いサイレンの音が、消防車が通り過ぎるやいな

や、いくぶん低い音に聞こえるのを経験したことがあるだろうか。注意深く聞かないと気づかないかも知れないが、じつは、このことは物理的事実なのである。

いま図3.26に示すように、消防車が振動数$f_0$のサイレンを鳴らしながら速さ$v$で疾走して来るとする。このサイレンを消防車が近づいて来る位置K点で聞けば、それは$f_0$より大きな振動数$f_K$の音（高い音）に聞こえ、消防車が遠ざかる位置K'点で聞けば、それは$f_0$より小さな振動数$f_K'$の音（低い音）に聞こえる。振動数$f_0$のサイレンを鳴らす消防車が停止しており、その消防車に観測者が速さ$v$で近づく場合も観測者が聞くサイレンの振動数は$f_K$、また観測者が速さ$v$で遠ざかる場合は$f_K'$で、消防車（音源）と観測者のどちらが動いても同じことである。

このように、音源に対する観測者の、あるいは観測者に対する音源の相対的な速さによって振動数あるいは波長（図3.26では視覚的にわかりやすいように波長を模式的に描いている）が相対的に変化する現象を**ドップラー効果**という。

一直線上を速さ$v_S$で移動する音源から発せられる振動数$f_0$、速さ$v$の音が$v_K$で移動する観測者に聞こえる音の振動数$f_K$は

$$f_K = \left( \frac{1 - \frac{v_K}{v}}{1 - \frac{v_S}{v}} \right) = f_0 \tag{3.27}$$

で与えられる（この式の導入に興味のある読者は章末に掲げる参考書2を参照していただきたい）。音源、観測者が静止している場合は、それぞれ$v_S = 0$、$v_K = 0$とする。また、音源、観測者の移動の向きが図と逆の場合は速さの符号

図3.26 ドップラー効果

を負（−）にする（$v$を$-v$にする）。つまり、先述のように、ドップラー効果は音源に対する観測者の相対的な速さに依存する現象である。

　ここでは音のドップラー効果について述べたが、ドップラー効果は音に限らず、次章で述べる光を含むあらゆる波に現われるものである。

　現時点で、この宇宙が膨張を続けていることはさまざまな観測結果から事実と考えてよいが、じつは「膨張宇宙論」の科学的きっかけは光のドップラー効果の発見であった。

　1920年代、ハッブル（1889–1953）らアメリカの天文学者が天体から発せられるスペクトル線の波長（振動数）のずれを発見していた。観測される波長は本来の波長と比べ長い方に、色でいえば赤い方にずれるので**赤方偏移**と呼ばれたが、これが光のドップラー効果によるものだったのである。それは、そのスペクトルを発する天体が観測点である地球から遠ざかっていることを意味した。このような天体観測を積み重ねた結果として到達したのが「膨張宇宙論」であった。

　このドップラー効果は、自動車や野球のピッチャーの投球など運動する物体の速度測定装置や公衆便所の自動水洗装置など、私たちの身近なさまざまなところで応用されている。スピード違反で、ドップラー効果のお世話になることは避けたいものである。

＜さらに理解を深めるための参考書＞
1. ファインマン、レイトン、サンズ（富山小太郎訳）『ファインマン物理学Ⅱ 光・熱・波動』（岩波書店、1968）
2. 志村史夫『したしむ振動と波』（朝倉書店、1998）

# 光と色
## 〜物には色がない？〜

第4章

　私たちにとって、"光"は空気や水と同じように身近なものであり、生きて行く上で不可欠のものである。もちろん、誰でも「光がどういうものか」は知っている。ところが、「光とは何か」、「光の本質は何か」という物理的質問になると、その答は容易には得られない。正直に告白すれば、このような本を書いている私自身、光のことを本当に理解しているという確信が持てないのである。事実、光の正体は長い間、謎であったし、「光とは何か」という疑問が最先端物理学の発展を推進して来たともいえるのである。

　また、私たちの誰にとってもあたりまえに思える"色"についても、「色とは何か」となると厄介な問題である。

　光がない真っ暗闇の中では、物体の色は（形も）見えないから、光と色が切っても切れない関係にあることはわかる。

　普段、私たちがあたりまえのものと思っている光と色についてちょっと深く、物理的に考えてみよう。目から鱗が何枚も落ちるのではないかと思う。

## 4・1 光

### 光の伝播

　手や指、切り絵などに電灯の光をあてて、それらの影をスクリーン、障子などに映し出したのが"影絵"である。いろいろな色のセロファンを使えば多彩な絵が映し出される。また、地球を取り巻く宇宙空間で、時折見られる"月食"という現象も一種の影絵である。特に皆既月食は太陽、地球、月が一直線上に並び、月が地球の影にすっぽりと入ってしまう現象である。さらに、夏の風物詩である回り灯籠も影絵の一種である。

　これらの"影絵"から、まず、光は透明でない物体によって遮られるものであることがわかる。さらに、光は直進するものであることがわかる。光が直進しなければ、物体と同じ形の影絵は得られない。また、光が遮られていない部

分が明るく見えるのは、そこで光が反射しているからである。このような光の性質を利用したのが映画やスライドである。

ここで、頭の中での"思考実験"をしてみよう。

サーチライト（光）とサイレン（音）で情報を伝える灯台を、巨大な透明容器の中にすっぽりと入れてみる。この状態で、光と音の情報は外の船舶に届くだろうか。

サーチライトの光もサイレンの音も、容器の壁に吸収される分だけ弱まるが、いずれも外の船舶に届くだろう。

次に、この巨大な容器の中を徐々に排気し、真空にしてしまうとどうだろうか。光と音の情報は外の船舶に届くだろうか。

すでに述べたように、音は空気（媒質）の振動による疎密波が伝わって行く現象である。したがって、灯台が入った容器の中が真空になれば、音を伝える媒質がなくなるので、容器の外はもとより中でも音は聞こえない。つまり、サイレンの音は船舶に届かない。

しかし、月食のことを思えばわかるように、太陽の光が真空の宇宙を通り抜けて地球に届いているのだから、灯台のサーチライトの光は外に出ることができる。つまり、光は真空中でも伝播するモノである（ここで"モノ"と書く理由はあとで説明する）。ちなみに、"真空"とは物質が何もない空間のことである。

光は真空中でも伝播するモノであることがわかったが、その速さはどれくらいだろうか。60ページで述べた花火の音と光が伝わる速さの違いを思い出していただきたい。光は"秒速30万 km"という速さで伝わるのであった。それが想像を絶する速さであることを、表4.1を見て実感していただきたい。

表4.1 速さの比較（単位：km／秒）

| | |
|---|---|
| 光 | 300,000 |
| 地球の公転 | 30 |
| アポロ宇宙船 | 11 |
| 超音速飛行機 | 0.78（マッハ2.3） |
| 新幹線「のぞみ」 | 0.08（時速300km） |
| 投手の最速球 | 0.04（時速155km） |
| 最速人間 | 0.01（100m 9.8秒） |

それでも、光の速さは無限大ではない。

地球から230万光年（1光年は光が1年間に進む距離で約10兆km）かなたにあるといわれるアンドロメダ星雲の写真を見たことがあるだろう。地球から230万光年離れているということは、地球で観察するのは230万年前の姿ということである。アンドロメダ星雲を発した光が地球に届くまでに230万年かかるからである。いまのいま、アンドロメダ星雲が実在するかどうかは、地球から観測する限り230万年後でないとわからない。

同様に、私たちが見る太陽も約8分20秒前の姿である。いまのいま、太陽が実在するかどうかは、地球から観測する限り約8分20秒後でないとわからない。

最近、百数十億光年先の宇宙の様子を示すハッブル望遠鏡の映像が新聞に掲載されることがしばしばあるが、そこに写っているのは百数十億年前の過去の宇宙の姿である。私たちは、地球が誕生した46億年前、地球に生命が誕生した約40億年前よりはるか大昔の過去を見ていることになる。雄大で、胸がわくわくするような話ではないだろうか。

## 光とは何か

いま、光は真空中でも、秒速30万kmという想像を絶する速さで伝播するモノであることがわかったが、光とは、そもそも何なのだろうか。

本章の冒頭で述べたように、じつは「光の本質は何か」という物理的質問に答えるのは容易なことではないのである。事実、物理学史上名だたる天才たちが「光の本質」を求めて格闘して来たのである。

次節で詳しく述べるが、たとえばニュートンはプリズムを使って、太陽光の"中味"を明らかにし、光の"源"を"発火物質から放出される微小な粒子"と考えた。"粒子"は"物質を構成する微細な粒"のことであるから、光は"物質の一種"ということになる。これが光の粒子説と呼ばれるものである。このニュートンの粒子説は"近代化学の祖"といわれるフランスのラヴォアジェ（1743-94）にも支持された。

ところが、1801年、イギリスのヤング（1772-1829）が、実験によって光の粒子説を見事に否定したのである。

ヤングは、図4.1に示すように、近接した2個のスリットA、B（ダブルスリ

ット)に光を当て、スクリーンに何が映るか調べたのである。

　もし、光が粒子であるならば、図4.2(a)に示すように、スリットA、Bを通過した粒子のみがスクリーンに達するから、影絵の場合と同様、(b)のように2本の明線がスクリーン上に現われるはずである。

　ところが、スクリーン上に現われたのは図4.3に示すような明暗の縞だったのである。この明暗の縞は、波ならではの、つまり粒子ではあり得ない現象である干渉(図3.24参照)によって生じたもので、このような縞を**干渉縞**と呼ぶ。

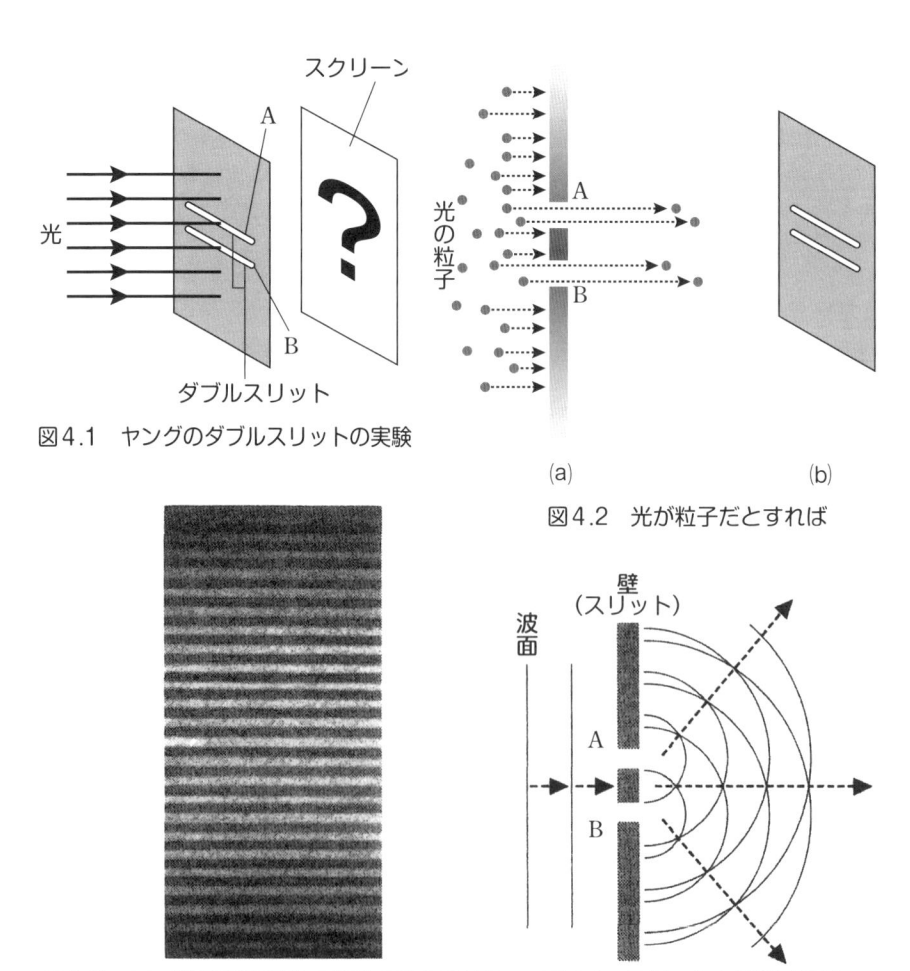

図4.1　ヤングのダブルスリットの実験

図4.2　光が粒子だとすれば

図4.3　ヤングの実験で現れた明暗の縞(干渉縞)

図4.4　スリットを通過する波

干渉縞は図4.4に示すように、波がスリットA、Bで二つの2次波（図3.23参照）に分かれ、それらが互いに干渉し（図3.25参照）、スクリーン上に明暗の縞が交互に現われるのである。干渉縞が現われる詳しいメカニズムについては、章末に掲げる参考書2を参照していただきたい。

ともあれ、干渉縞の出現は、光の粒子説を断固否定するものであり、「光とは何か」という問に対する一つの答は「光とは波である」といえよう。

しかし、「波は振動が伝わる現象」であり、振動が伝わるためには媒質（物質）が必要である。それにもかかわらず、前項で述べたように、光は何もないはずの真空中を伝わるのであった。これは明らかに科学的矛盾である。つまり、「光とは波である」という物理的事実を考慮すれば、何もないはずの真空中には、媒質となる何かが存在しなければならない。

そこで、宇宙空間には**エーテル**と呼ばれる架空の物質で満たされていると考えざるを得なくなった。実際には、そんな物質を確認できた者は誰一人いないのであるが、それを考えないと話が進まなかったのである。ちなみに、この「エーテル」は酸素、炭素、水素からなる有機化合物のエーテルとはまったく別物で、古代ギリシャのアリストテレスが、天上を満たすと考えた元素の名前から借用したものである。とにかく、光が波であることは確かである。

ところが、1887年にヘルツ（1857–94）によって、ある種の光を金属に照射すると電子（**光電子**）が飛び出すという**光電効果**と呼ばれる現象が発見された。この光電効果は、光が"波"だとするとどうしても説明できない現象である。結論を先にいえば、1905年に、光が粒子としての性質も持つことがアインシュタインによって明らかにされるのであるが、これは「光は波長（振動数）に依存するエネルギーを持つ粒子（**光子**）でもある」ということだった。第8章の「自然観革命」でもう一度触れることになるが、光のエネルギー $E$ の大きさは振動数 $f$ に比例（波長 $\lambda$ に反比例）し

$$E = hf = h\left(\frac{c}{\lambda}\right) \tag{4.1}$$

である。ここで $h$ は**プランク定数**と呼ばれる定数、$c$ は光速である。

結局、「光とは何か」に対する答は「波動性と粒子性をあわせ持つモノ」となるのである。それぞれの性質を持つことの絶対的証拠は光が干渉と光電効果を示すことである。

以下、適宜、光を波あるいは粒子として扱って記述することにする。

## 反 射

62ページの「波動現象」で述べたように波は壁や障害物に当たると反射、屈折、回折という現象によって進路が曲げられる。以下、光の平面波を1本の矢印（光線）で表わし（同ページのホイヘンスの原理参照）、日常的によく見る現象である光の反射を、あらためて、物理的に考えてみよう。

図4.5に示すように、入射角 $\theta_i$ の入射光線の反射について考える。入射角 $\theta_i$ は入射光線と法線（反射面に対し垂直な線）とのなす角度として定義される。同様に定義される反射角を $\theta_r$ とすれば

$$\theta_i = \theta_r$$

が成り立つ。したがって、図4.6(a)に示すように、光線が粗い面に入射した

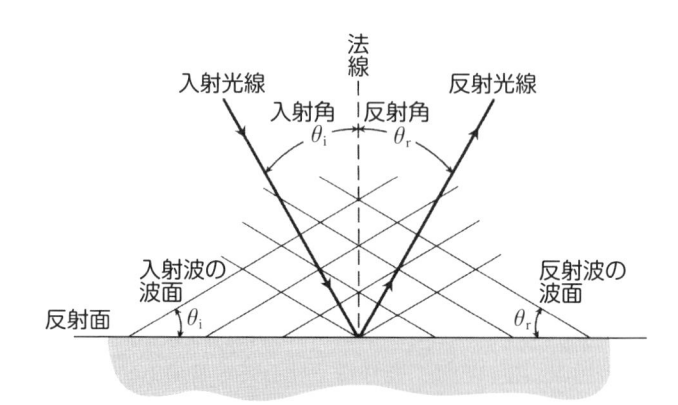

図4.5　波の反射の法則

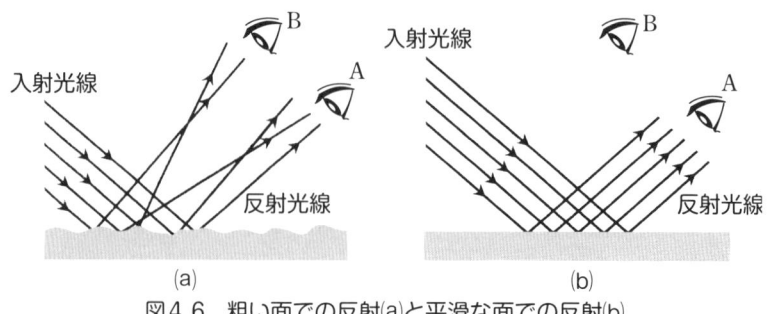

図4.6　粗い面での反射(a)と平滑な面での反射(b)

場合、すべての点で、式(4.1)を満足するように反射するので、反射光は多くの方向に拡がる。このような反射を**乱反射**(あるいは**拡散反射**)と呼ぶ。それに対し、(b)に示すように、たとえば鏡面のような平滑面(表面の凹凸が入射光の波長の約8分の1以下)では乱反射がほとんど起こらないので、反射光線が1方向に集中する。その結果、物が明るく見え、ときには眩しく感じるのである。

たとえば、いま読んでいただいているこのページ(紙)の表面は、私たちの目に見える**可視光**(次節参照)に対しては無視できない凹凸があり、乱反射している。その"お蔭"で、どの方向からでも(図4.6(a)のAやBの位置)、このページに印刷された文字や図を見ることができるのである。もし、このページの表面が、図4.6(b)に示すように、可視光に対して平滑であり、入射光が1方向のものに限られたとすれば、Aの位置からは見えるが(しかし、かなり眩しいだろう)、Bの位置からは見えないということになる。

## 屈 折

たとえば、金魚鉢や水槽の中の魚を上から見た場合のことを思い浮かべていただきたい。図4.7に示すように、実際に魚がいる位置よりも浅いところにいるように見える。これは、空気と水面との境界における光の屈折のために起こる現象である。

直進するはずの光がなぜ屈折する(曲がる)のだろうか。

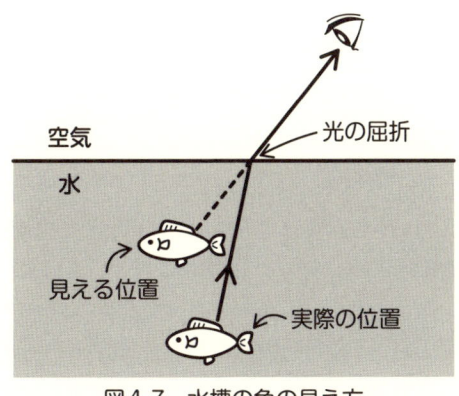

図4.7 水槽の魚の見え方

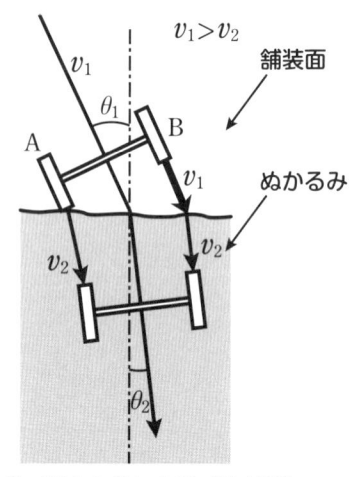

図4.8 速さの差による"曲がり"

　図4.8は速さ $v_1$ で走行する車軸で連結された2輪が滑らかな舗装面からぬかるみへ、境界面の法線に対して角度 $\theta_1 (\neq 0)$ で侵入する様子を真上から見た図である。

　車輪のぬかるみ内の速さを $v_2$ とする（$v_1 > v_2$）と最初にぬかるみに入った車輪Aは舗装面を走る車輪Bと比べて速さが落ちるので、車輪は法線に近づく方向に曲げられる（$\theta_2 < \theta_1$）ことが容易に理解できるだろう。

　また、オリンピックや全国高校野球大会などでの選手の入場行進の時、行進の方向を曲げるには、内側の選手が歩く速さを小さくするのである。また、ブルドーザーや戦車など、キャタピラーのある乗物の進行方向を曲げる場合も同様に内側のキャタピラーの速さを小さくするのである。これらが"曲がる"のも図4.8に示される原理とまったく同じである。

　光（一般的に波）の屈折もまったく同様に考えることができる。

　図4.9に示すように、物質①（たとえば空気）から物質②（たとえば水）に、平面波が入射角 $\theta_\mathrm{i}$ で入射する場合を考える。波面Aが境界面に達してから時間 $t$ 後に波面ABが波面A'B'に達したとすれば

$$\frac{\mathrm{AA'}}{\mathrm{BB'}} = \frac{v_2}{v_1} \tag{4.2}$$

である。ただし $v_1$, $v_2$ はそれぞれ物質①、②の中の波の速さである。ここで、図のように屈折角を $\theta_\mathrm{r}$ と置くと

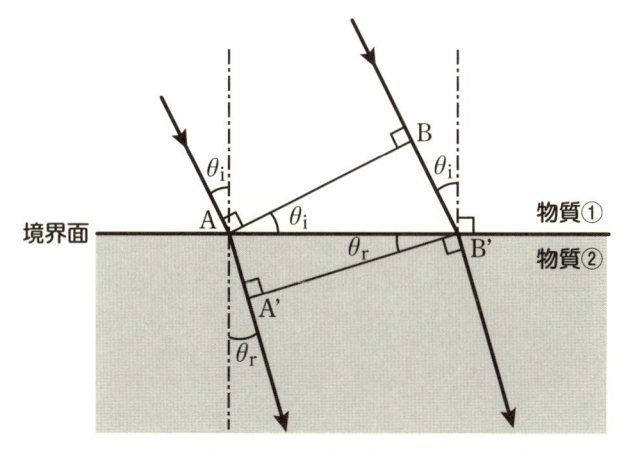

図4.9 ホイヘンスの原理による屈折の説明

$$\frac{\sin\theta_r}{\sin\theta_i} = \frac{\frac{AA'}{AB'}}{\frac{BB'}{AB'}} = \frac{AA'}{BB'} = \frac{v_2}{v_1} \tag{4.3}$$

となる。この式の導入は図4.9を見ながら順を追って納得しながら考えていただきたい。それほど難しいことではないはずである。ここで示される波を光と考え、真空中の光速を $c$ とすれば、物質①、②の屈折率 $n_1$、$n_2$ が

$$n_1 = \frac{c}{v_1} \tag{4.4}$$

$$n_2 = \frac{c}{v_2} \tag{4.5}$$

で定義され

$$\frac{\sin\theta_r}{\sin\theta_i} = \frac{n_1}{n_2} \tag{4.6}$$

あるいは式(4.6)を変形した

$$n_2 \sin\theta_r = n_1 \sin\theta_i \tag{4.7}$$

が得られ、これを**スネルの屈折の法則**と呼ぶ。

## 電磁波

これから述べるのは、一見、光とは関係がなさそうな電気と磁気の話である。「電気と磁気」については第7章でも簡単に触れるが、じつは、"電気"も"磁気"

も身近な存在なのであるが、その実体を理解するのは容易なことではなく、それらを扱う「電磁気学」は1冊の本でもなかなか説明しきれない難解な内容を含むので、詳細については章末に掲げる参考書3を参照していただくとして、本項では光の話の延長としてさらりと通り過ぎることにしたい。したがって、以下、「ふ～ん、そんなものか」と軽い気持ちで読んでいただければ結構である。

電気力が作用する空間を**電場**、磁力が作用する空間を**磁場**と呼ぶが、これらの間には「電場の変化は磁場を作り、磁場の変化は電場を作る」という**電磁相互作用**がある。この電磁相互作用から図4.10に示すような**電磁波**と呼ばれる波が生まれる。電気力（電界）の強さ、磁気力（磁界）の強さ、そして進行方向を示す軸は互いに直行する。つまり、電磁波は典型的な横波（54ページ参照）である。しかし、この電磁波が他の一般的な波と比べて特異なのは、電磁波が伝わるのは"場"と呼ばれる空間であって、媒質を必要としないことである。ここで、勘のよい読者は光との共通性に思い当たるだろう。

じつは、電磁波は光と同じように媒質を必要としないだけでなく、その速さが光速とぴったり同じ秒速30万kmであることが理論的、実験的に確かめられているのである！

これは偶然の一致ではない。さまざまな角度から、光と電磁波の性質を比較し、最終的に「光は電磁波にほかならない」という結論に達したのである。

現在、さまざまな波長の電磁波が知られている。波長が異なると、波としての性質、具体的には物理的性質が著しく異なる。そこで、図4.11に示すように、波長によってさまざまな名称で呼ばれる電磁波がさまざまな用途に使われている。なお、図中上に示す波形は概念的なもので、実際の波長を反映していない。光は電磁波にほかならないのであるが、一般的な"光"は、狭義に、私たちの目に見える**可視光**のことである。

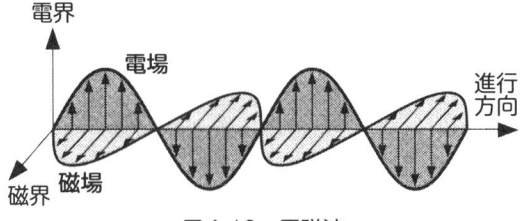

図4.10　電磁波

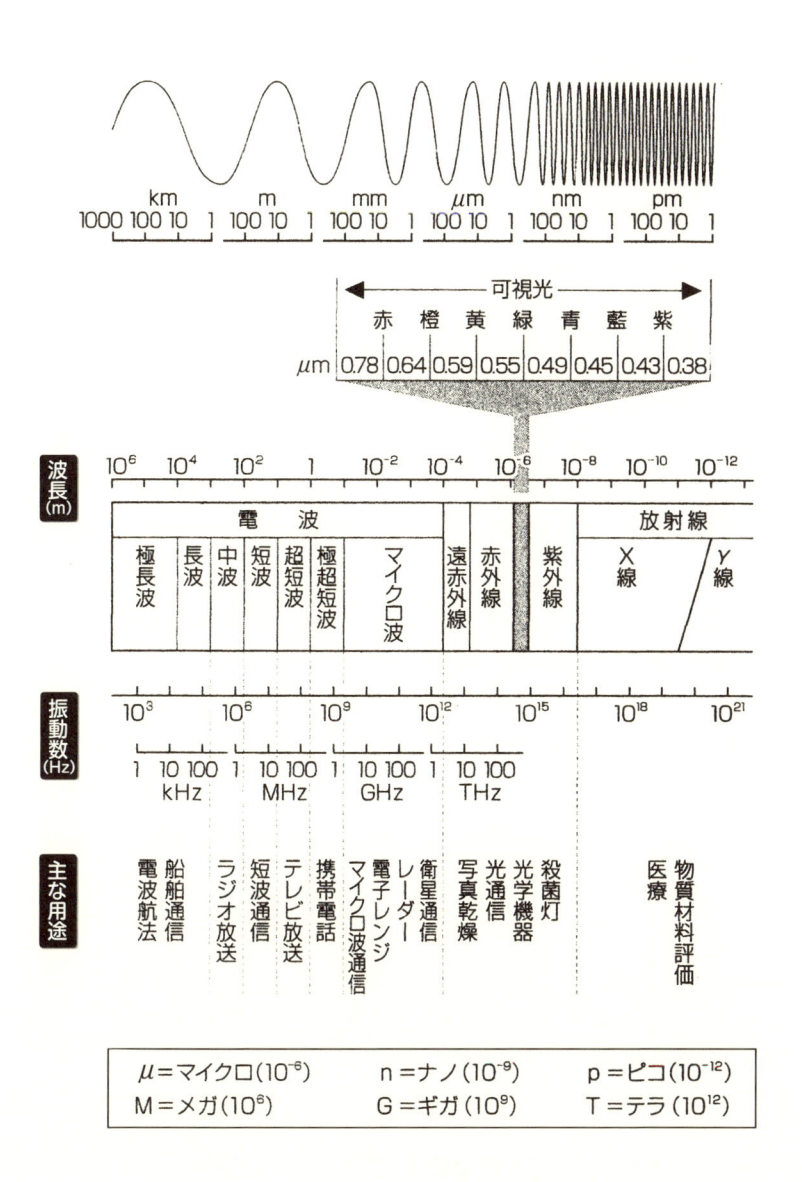

第4章 光と色〜物には色がない？〜　　77

| 可視光 | | | | | | | |
|---|---|---|---|---|---|---|---|
| 赤 | 橙 | 黄 | 緑 | 青 | 藍 | 紫 | |
| 0.78 | 0.64 | 0.59 | 0.55 | 0.49 | 0.45 | 0.43 | 0.38 |

(μm)

波長(m): $10^6$　$10^4$　$10^2$　$1$　$10^{-2}$　$10^{-4}$　$10^{-6}$　$10^{-8}$　$10^{-10}$　$10^{-12}$

電波：極長波／長波／中波／短波／超短波／極超短波／マイクロ波／遠赤外線／赤外線／紫外線

放射線：X線／γ線

振動数(Hz): $10^3$　$10^6$　$10^9$　$10^{12}$　$10^{15}$　$10^{18}$　$10^{21}$

kHz　MHz　GHz　THz

主な用途：
- 船舶通信・電波航法
- ラジオ放送
- 短波通信
- テレビ放送
- 携帯電話
- マイクロ波通信・電子レンジ・レーダー・衛星通信
- 光通信・光学機器
- 写真乾燥・殺菌灯
- 医療
- 物質材料評価

μ = マイクロ ($10^{-6}$)　　n = ナノ ($10^{-9}$)　　p = ピコ ($10^{-12}$)
M = メガ ($10^6$)　　　　G = ギガ ($10^9$)　　　T = テラ ($10^{12}$)

図4.11　さまざまな電磁波とその用途例

8ページの表1.2に記したように、振動数（周波数）には"ヘルツ（Hz）"という単位が用いられるが、これはマクスウェル（1831-79）によって予言された電磁波を実証したヘルツの名前にちなんだものである。

## 4・2　色

**光のスペクトル**

太陽光線を三角柱状のガラス製プリズムに通すと、美しい虹色の帯（**スペクトル**と呼ぶ）が現われることは誰でも知っているだろう。このように、プリズムを通して光をスペクトルに分けることを**分光**というが、この実験を世界で最初に行なったのはニュートンである。

図4.12に示すように、小さな穴を通した太陽光線をガラスのプリズム①に導き入れると、スクリーン①上に振れ角（屈折角）の順に紫、青、……黄、橙、赤の虹色のスペクトルが現われる。続いて、その中の一つの色、たとえば赤色の光だけをスリットで選んでプリズム②に通すと、赤色の光線はスクリーン①を通った時と同じ振れ角で曲がり、スクリーン②上にはスクリーン①上のような虹色のスペクトルは現れず、赤色のみが映される。

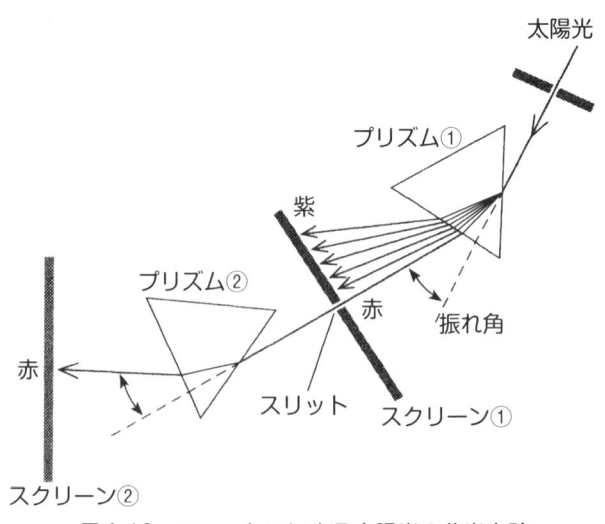

図4.12　ニュートンによる太陽光の分光実験

第4章　光と色〜物には色がない？〜　　79

　この実験結果から、「太陽光は屈折性（振れ角）が異なるさまざまな光線から成り、各光線はそれぞれの色を持っている」ということがいえる。光の屈折については前節で述べたが、ここでは波長が短い波ほど屈折角が大きい、あるいは散乱されやすい、ということだけを頭に入れておいていただきたい。
　69ページで述べたように、ニュートンはそれぞれの光線の"源"を"微小な粒子"と考えたのであるが、光は電磁波の一種である。しかし、太陽光が赤から紫までの無数の可視光から成る**光束**であるというニュートンの主張は完全に正しい。無数の色が合わさった太陽光は"色を持たない"ということから**白色光**と呼ばれる（"白"自体も"色"なので、私は"白色光"よりも"無色光"の方が正しいと思うが）。

## 虹

　雨上がりの後、太陽が輝くと、美しい半円形のスペクトルつまり虹が現われることがある。また、夏の日、庭にホースで水を撒いている時にも小さな虹を見ることがある。
　誰もが知っている虹ではあるが、じつは、その虹ができるメカニズムは簡単ではない。虹は前項で述べたプリズムによる光のスペクトルと同じ色のスペクトルなので"似たようなもの"ではあるが、両者のスペクトルができる（見られる）位置関係を考えればかなり異なることがわかるだろう。虹ができるメカニズムを前項で得た知識をベースにして考えてみよう。
　虹は空中に無数の水滴があり、太陽を背にした時に見える。この二つが満たされない限り、虹を見ることができないから、虹に水滴と太陽光が深く関わっていることは確かである。虹は三次元空間に拡がる無数の水滴一粒一粒が、それぞれプリズムのはたらきをした結果の現象なのである。とはいえ、それで、なぜ空中に美しい半円形のスペクトルが現われるのかを理解するのは簡単なことではない。
　虹が半円形になることはさておき、まず、空中に光のスペクトルが帯状に見えるメカニズムについて考えてみよう。
　図4.7〜図4.9に示した光の屈折のことを思い出し、図4.13に示すように1個の水滴（ガラスのプリズムと異なり球形である）に太陽光線が入射する場合

のことを球の断面で考える。光の一部は＜屈折―屈折＞を経て水滴を通過し、一部は＜屈折―反射―屈折＞を経て入射側に出て来る。この時、先述のように、光の波長（色）によって振れ角が異なる（より正確にいえば、屈折率が異なる）から、もっとも大きく曲がる紫（可視光の中で波長が一番短い）からもっとも曲がりが小さい赤（可視光の中で波長が一番長い）まで可視光の色のスペクトルに分散する。このような1個の水滴からのスペクトルの中で、観測者に見えるのは一部（究極的には一つ）の色だけである。図4.13には赤しか見えない場合が描かれているが、見える色が観測者の目あるいは水滴の位置（高さ）に依存することは理解できるだろう。なお、図には、"入射光"と"出射光"のなす角度が紫の場合は40°、赤の場合は42°と書かれているが、これらの角度は

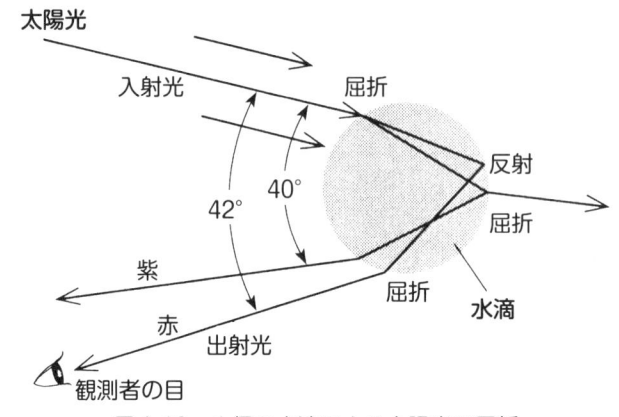

図4.13　1個の水滴による太陽光の屈折

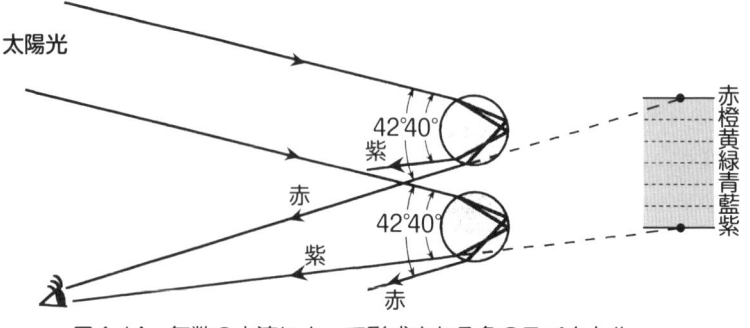

図4.14　無数の水滴によって形成される色のスペクトル

第4章 光と色～物には色がない？～　81

それぞれの光の波長と水の屈折率によって一義的に決まる値である。

　もちろん、空中には無数の水滴が浮遊しているので、観測者には、図4.14に示すように、結果的に赤から紫までの色のスペクトルが帯状に見えることになる。

　ところで、"虹の七色"というが、虹は赤から紫までの無数の色から成るというのが事実である。

　さて、次は、虹がなぜ半円形になるのか、である。この解明は結構厄介である。

　一粒の水滴による屈折で赤色の光が観測者に見えるメカニズムは図4.13に示した通りだが、今度は図4.15で、それを三次元空間で立体的に考えてみる。水滴①から42°の角度で出射した赤色の光は観測者の目に届くが、水滴①′の場合、同じ42°で出射しても、それはXの方向に行ってしまい観測者の目には届かない。しかし、水滴②や③のように太陽光の入射方向に対し"42°の条件"を満たす円周上の水滴からの出射光は赤色の光として観測者の目に届くのである。結局、三次元空間に浮遊する無数の水滴のうち"42°の条件"を満たす無数の水滴は、頂角84°（＝42°×2）の円錐の底の円周上にある。ほかの色の出射光の場合も頂角が異なるだけで（たとえば、紫色の場合は80°＝40°×2）、事情は同じである。

　したがって、虹は空間的には、頂角の大きな赤を外側に、頂角の小さな紫を

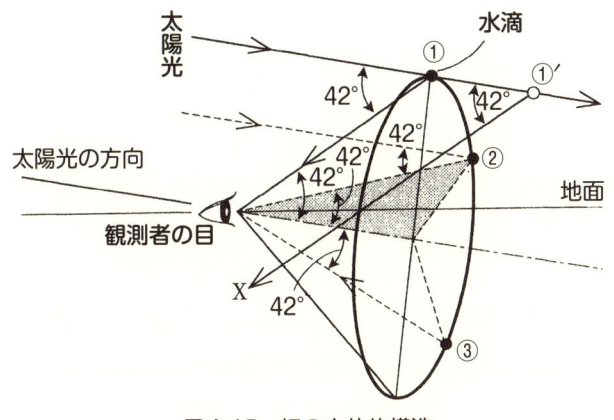

図4.15　虹の立体的構造

内側にした円形のスペクトルとして生じるのである。しかし、そのような虹を地上で観測する場合は、地面より下の部分は見えないので半円状に見えることになる。上空の飛行機からは円形の虹が見えることになるが、実際、私は一度、機上から円形の虹を見たことがある。

## 色とは何か

太陽光によってつくられる美しい虹について述べた際、「赤色の光」のような言葉を使ったのであるが、じつは、このいい方は正しくない。"光自体に色はない"からである。

最近は、宇宙空間に浮かぶ地球の写真を見ることは珍しくないが、図4.16は1968年、初めて有人月周回軌道に乗ったアポロ8号が撮影した、月面越しの宇宙空間に浮かぶ地球の写真である。地球も月面も右上方からの太陽光に照らし出されているが、その太陽光が走る宇宙空間は無明の闇である。太陽光自体が色を持っているのであれば、宇宙空間にその色が見えるはずである。図4.16に示される宇宙空間には太陽光はもとより、さまざまな電磁波（図4.11参照）が間違いなく存在しているが、その宇宙空間が真っ暗闇ということは、"光（電磁波）自体に色はない"ということである。

それでは、私たちが見る、あの美しい虹色は何だったのか。

図4.16　月周回軌道から見た、月面越しの宇宙空間に浮かぶ地球（写真提供：NASA/NSSDC）

私たちに物体が"見える"ということは、物体から反射された可視光が網膜の感覚細胞、視神経を刺激し、その刺激を大脳が認識するということである。可視光以外の電磁波は感覚細胞、視神経を刺激しないので"見えない"のである。"色"についても同じことがいえる。

色というものは、光が目に入り、大脳にその刺激が伝えられた時に生じる"感覚"である。いわば、光は、そのような"感覚"を生じさせるモノであり、そのような"感覚"を生じさせるエネルギーが光である。

71ページに、「光は波長（振動数）に依存するエネルギーを持つ粒子（光子）でもある」と述べ、波長$\lambda$の光は

$$E = h\left(\frac{c}{\lambda}\right) \tag{4.1}$$

で表わされるエネルギー$E$を持つのであった。

図4.11で紫（$\lambda = 0.38\ \mu m$）から赤（$\lambda = 0.78\ \mu m$）の光が"可視光"であることを示したが、これは、人間の感覚細胞、視神経が$\lambda = 0.38 \sim 0.78\ \mu m$の電磁波のエネルギーにのみ反応するということなのである。

つまり、式(4.1)から算出される$\lambda = 0.38$の光のエネルギーは、大脳に"紫という感覚"を生じさせ、$\lambda = 0.78$の光のエネルギーは、大脳に"赤という感覚"を生じさせるのである。したがって、厳密にいえば、"赤い光"という光はなく、"赤い光"は"赤いという感覚を大脳に生じさせる光"と呼ばれるべきである。他の色の光についても同様である。

光に満ちた宇宙空間が真っ暗闇なのは、光自体に色や形がないことのほかに、光を反射し、その反射光を観察者の目に届ける物質が何もないからである。

## 物には色があるか

私たちの身の回りにある物にはすべて色がついている。ファッションに限らず、さまざまな物品のデザインにおいて、色はもっとも重要な要素である。しかし、物には色がないのである！

たとえば、青いガラスのことを考えてみよう。

青いガラスはなぜ青く見えるのか。

図4.17に示すように、白色光（太陽光）を青く見せる青いガラスは、青色光（前述のように、正確には"青いという感覚を大脳に生じさせる光"）のみを通過

させ、他の光は吸収するという性質を持っているのである。なぜそのような性質を持っているのかといえば、そのガラスがそのような性質の物質でできているからである。さらに、物質のそのような性質はなぜそのような性質なのかについては次章で述べる。

ともかく、青いガラスが青いのは、そのガラスが青いからではない。そのガラスが青という色を持っているからではない。私たちに青いガラスを青と感じさせるのは、そのガラスが発する"青いという感覚を大脳に生じさせる光"なのである。

次に、一般的な"物の色"について考えてみる。

例として、赤いチューリップの花を思い浮かべていただきたい。葉は緑色である。

チューリップの花が赤く見えるのは、図4.18に示すように、花弁が、照射される白色光のうち赤色光（正確には"赤いという感覚を大脳に生じさせる光"）のみを反射し、他の色の光を吸収してしまうからである。"赤い花"は"私たちに赤く見える花"なのであって、その花自体が赤いわけではない。他の色についても同様である。したがって、同じ物でも、異なる光を照射すれば"見える色"が異なるし、私たちと異なる視神経を持つ生物が見れば異なる色に見えるはずである。

動物園でパンダの人気が高い理由の一つは、白と黒のコントラストが可愛い

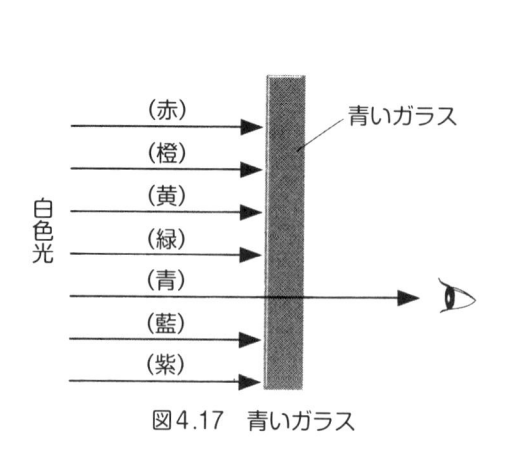

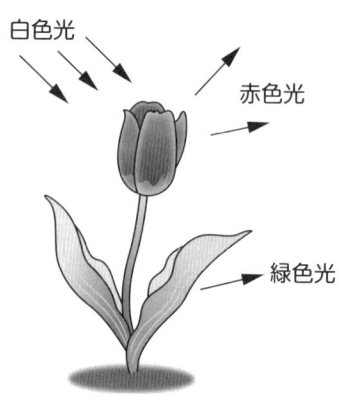

図4.17　青いガラス

図4.18　赤い花と緑の葉

顔にあるだろう。同じ"毛"でも、白い部分の毛はほとんどすべての白色光を反射する物質を成分に持ち、黒い部分の毛は逆にほとんどすべての白色光を吸収する物質を成分に持っているということである。

私たちに"色"を感じさせるのは、あくまでも光である。特定の色を感じさせるのは特定の波長、つまり特定のエネルギー（式(4.1)参照）を持った光なのである。

## 青 い 空

晴天の日の昼間の真っ青な空は、私たちを清々しく、快い気持ちにさせてくれる。

いままでの話から理解できると思うが、晴天の日の昼間の空が青く見えるのは地球上から見た場合のことであって、空自体が青に着色されているわけではない。

晴天の日の昼間つまり太陽光が燦々と照る時、空はなぜ青いのかを考えてみよう。

78ページに示した図4.12をもう一度見ていただきたい。波長が短い波ほど振れ角が大きい、あるいは**散乱**されやすいのであった。散乱とは、光や粒子が多数の小さな粒子に当たって、方向が不規則に変わり、散らされる現象のことである。このような散乱の度合いは、図4.19に模式的に描くように、波長が短い光（紫、青寄りの光）ほど大きく、波長が長い光（赤寄りの光）ほど小さい。散乱させる粒子の大きさにも依存するが、おおまかにいえば、散乱の度合いは

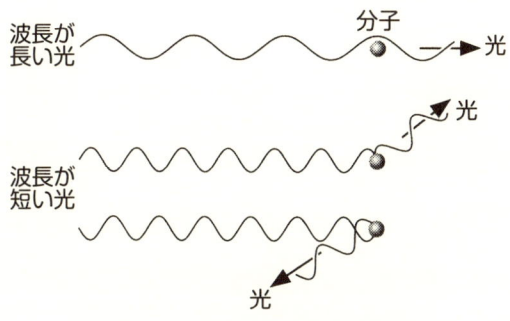

図4.19　光の散乱の波長依存性

波長の4乗($\lambda^4$)に反比例する。

　地球は厚さが1000kmほどの大気層に被われている。太陽光は地球の大気層に突入すると、大気層を形成するさまざまな粒子によって散乱されることになる。もし、散乱が皆無だとすれば、光は直進するので、昼間でも太陽の方向のみが明るく、空全体が明るくなることはない。

　太陽光は散乱によって方向が不規則に変えられるが、図4.19に示されたように、波長が短い青系の光ほど散乱の程度が大きく、何度も方向を変えて散乱するので、空(大気層)一面に青系の光が満ちることになる。つまり、空は青く見えるのである。

## 朝日と夕日

　古来、日本人は美しい日の出、特に"初日の出"を崇めて来た。水平線あるいは地平線に沈む太陽の美しさも格別のものである。

　私たちが、朝昇って来る太陽(朝日)と夕方に沈みゆく太陽(夕日)に特別の想いを寄せるのは、その"大きさ"とともに、あの真っ赤に燃えるような"色"のためだろう。

　昼間の太陽は白くまぶしく輝いているのに、朝日や夕日はどうして赤いのだろうか。

　朝日、夕日が赤く見えるのも、光の散乱と大気層のせいなのである。

　いま、図4.20に示すように、地球上のA地点に立っているとする。太陽光は地球を被う大気層を通過してA地点に届くが、昼間(正午)と朝方、夕方では通過する大気層の厚さが大きく異なる。

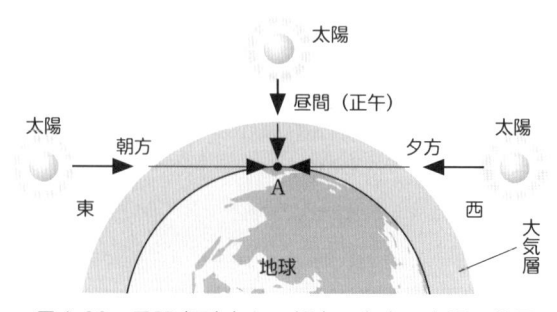

図4.20　昼間(正午)と、朝方・夕方の太陽の位置

朝方から夕方までA地点の明るさは徐々に明るくなった後に徐々に暗くなるのであるが、これは、A地点に届く太陽光の量が徐々に増し、そして徐々に減るからである。このような変化がなぜ起こるのかは、太陽光の直進を、散乱と吸収によって邪魔する大気層の厚さの変化を考えればわかるだろう。いうまでもないが、夜になると暗くなるのは太陽光が届かなくなるからである。

　すでに何度も述べたように、太陽光の白色光は波長が短い紫から波長が長い赤までの可視光の"束"である。図4.19に模式的に描かれたように、波長が長い赤系の光は大気層の物質に邪魔される度合いが小さいので届きやすいが、波長が短い青系の光は邪魔される度合いが大きいので届きにくいのである。このため、図4.20に示されるように、太陽光が長い距離の大気層を通過して来る朝方や夕方は、波長が短い青系の光の多くがA地点に届くまでに散乱によって失われ、A地点に届く太陽光のほとんどは波長が長い赤系の光だけになってしまうのである。

　このように、A地点に届くまでに太陽光が通過する大気層の厚さが変化することによって、A地点の明るさが変化するのであるが、単に明るさが変化するだけでなく、その明るさの"中味"つまり"色"も変化するのである。

　ところで、余談ながら（ほんとうは余談ではない）、交通信号で「赤は止れ、青は進め」という規則は世界共通であるが、なぜ、そのように決められたのであろうか。いまここで述べたことを考え、読者自身で、その理由を見つけて欲しい。

＜さらに理解を深めるための参考書＞
1. ファインマン、レイトン、サンズ（富山小太郎訳）『ファインマン物理学Ⅱ　光・熱・波動』（岩波書店、1968）
2. 志村史夫『したしむ振動と波』（朝倉書店、1998）
3. 小林久理真（志村史夫監修）『したしむ電磁気』（朝倉書店、1998）
4. 志村史夫『したしむ電子物性』（朝倉書店、2002）
5. 志村史夫『アインシュタイン丸かじり』（新潮社、2007）

# 物質の構造と性質
～同じ炭素でも……～

第5章

　私たちの周囲には、さまざまな"物"、"物体"が存在する。私たち自身の身体も一つの物体である。物体を形成するのが物質である。"物体"も"物質"も、あまりにも"ありふれたもの"なので、一般的な人間はそれらについて深く考えようとしないが、"物質の根源"は人類がこの地球上に現われた時から現在まで一貫して人類のもっとも知的な好奇心の対象の一つであり続けており、いまだに解決できていないたくさんの問題が残されているのである。

　これから、私たちにとってきわめて身近な物質を眺め、物質とは何かという人類誕生以来の知的好奇心を満たしていただきたい。ちょっと大袈裟にいうと、物質とは何かがわかれば、人生観が変わるかも知れない。

## 5・1　物質の根源

**物質の究極**

　すべての物質を形成するのは**原子**であるが、じつは、この"原子"が何か、ということを人類は古代ギリシャ時代以来およそ2500年の間、探究し続けて来たのである。そして、現在の先端物理学が到達した物質の構造をわかりやすく模式的に示すのが図5.1である。

　原子は**原子核**と**電子**で形成されている。原子核は**陽子**と**中性子**で構成され（水素原子は例外的に陽子のみ）、その陽子と中性子を構成するのは**クオーク**と呼ばれる6種類の基本粒子のうちの3個である。さらに、21世紀初頭の時点において、クオークも電子も包括する"物質の究極"として提案されているのが量子ひもである。この量子ひもは$10^{-23}$cmという極限小（**プランク長さ**）と考えられるので、"発見"されることはないであろうが、私がもっとも魅力的に思う究極の**素粒子**である。

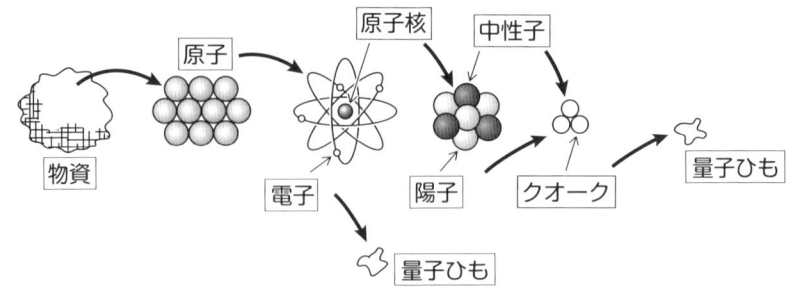

図5.1　物質の構造

## 原子の構造

　一般に、図5.1に示すように「原子は中心に位置する原子核と、その周囲の軌道を回る電子で構成されている」と説明され、その様子を太陽を中心にして、その周囲の一定の軌道を惑星が回っている太陽系の姿を思い浮かべながら原子の構造を理解する。このような原子モデル（**古典物理学的原子モデル**と呼ぶ）は原子そのものや原子間の結合の基本的なことを理解するには有効で好都合なのであるが、本当は正しくない。原子の本当の姿を説明するのが、**古典物理学**に対する"新しい物理学"である**量子物理学**（第8章参照）なのであるが、当面は図5.1に示すような構造の原子を考えていて問題ない。

　原子を球形と仮定すると、原子の大きさは、後述する元素によって異なるが、100億分の1m（$10^{-10}$m）ほどで、これは私たちには想像不可能な大きさである。たとえば、直径10cmほどのボールを地球の大きさくらいに拡大した時、原子の大きさはやっと1cmくらいになる。原子核は原子の中心に位置する原子の10000分の1ほどの大きさで、電子はさらに小さく原子核の10分の1ほどの大きさである。仮に、原子核の大きさを1cmとすれば、電子は1mm、原子は100mの大きさになる。

　また、原子を構成する電子、陽子、中性子の質量は

　　　電　子：$9.1 \times 10^{-31}$ kg
　　　陽　子：$1.7 \times 10^{-27}$ kg
　　　中性子：$1.7 \times 10^{-27}$ kg

である。これらの質量も私たちには想像不可能な重さであるが、物体の質量の

ほとんどが原子核（陽子、中性子）によるものであることがわかるだろう。

次に、原子を構成する粒子の電気的性質について述べておく。これは、原子同士の結合や物質のエネルギーを理解する上で非常に重要である。

原子核を構成する中性子はその名の通り電気的に中性であるが、1個の陽子は1個の正（＋）電荷、1個の電子は1個の負（－）電荷を持ち、1個の原子が持つ正電荷と負電荷の数は等しい。つまり、1個の原子が持つ陽子の数と電子の数は等しく、原子は全体として電気的中性が保たれている。

## 元　素

私たちの周囲にも、地球上にも無数の物質が存在するが、それらの構成要素はわずか100種類ほどの**元素**（種類が異なる原子）である。たとえば、英語のわずか26文字のアルファベットから無数の単語、そして無限の文章が作られるのと似ている。

現在までに、天然に存在する92種類の元素のほかに、加速器を用いて生成された**人工元素**を加え、合計118種の元素が確認されている。

原子核の数は、どの元素でも同じで1個であるが、電子（陽子）の数は"原子の種類"によって異なり、原子の種類（元素）、そして、結果的に、その性質はその原子が持っている電子の数で決まることになる。つまり、電子を1個（陽子を1個）持つ元素が水素、2個持つ元素がヘリウム、というように、順次、118個の電子（陽子）を持つウンウンオクチウムまで、それぞれが命名されているのである。基本的に、1個の原子が持つ電子と陽子の数は同じであるが、次項で述べるように、電子の数は場合によっては増減し原子の電気的中性が破られ**イオン**に変化することがあるので、"陽子の数"を**原子番号**と名づけ、1番元素・水素、2番元素・ヘリウム……などと呼ばれる。私たちになじみ深い炭素、窒素、酸素の原子番号はそれぞれ6、7、8である。

念のために書き添えるが、元素によって、それぞれが持っている電子、陽子、中性子の数は異なるが、それらの元素を構成する粒子は元素の種類に関係なくまったく同じものである。このように、電子（陽子）の数が異なるだけでまったく別の性質を持つ元素になってしまうのは、私にはとても不思議なことに思える。

しかし、面白いことに、元素を原子番号順に並べていくと、元素の性質が原子番号とともに周期的に変化するという法則（**周期律**）がある。これを表にしたものが元素の**周期律表**であるが、さまざまな元素は性質が似た18ほどのグループ（族）にまとめられるのである。そして、それらのグループは結局、次項で述べる電子の配置のされ方（**電子配置**）によって分けられていることに気づく。つまり、各元素の性質を決定する要素は電子の数と配置である。

## 電子の配置と軌道

原子が持つ電子の数は元素によって異なり、現時点で、自然界には1個の水素から92個のウランまで確認されているが、これらの電子はそれぞれ勝手な位置に存在しているのではない。電子は、きちんと決められた場所（**軌道**）にしか存在できない。太陽系の惑星の軌道がきちんと決まっていることと似ている。

電子を1個しか持たない水素原子の場合は話が簡単であるが、複数の電子を持つ原子の場合はどのようになっているのだろうか。

たとえば、エレクトロニクス文明の基盤材料として活躍している半導体のシリコン（ケイ素）について考えてみよう。シリコンは14個の電子（陽子）を持つ14番元素である。これら14個の電子の配置は、図5.2に模式的に示すように、原子核に近い方から順に、第1軌道に2個、第2軌道に8個、第3軌道に4個となっている。これは、それぞれの軌道に、全元素に共通の"定員数"というものがあり、定員数以上の電子はその軌道に入れないからである。人間の社会とは異なり、この"定員数厳守"の規則はきわめて厳格である。

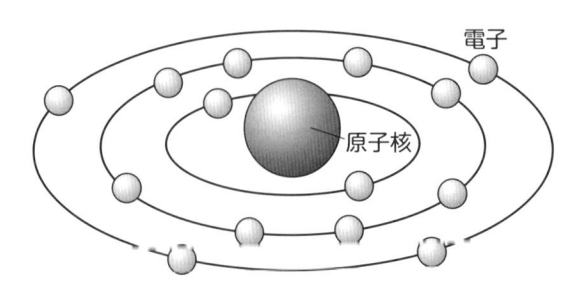

図5.2　シリコンの原子模型

原則として、電子は内側の軌道から順に定員数を満たしながら外側の軌道に入っていく。電子数とともに、電子配置は各元素固有のものであり、特に一番外側の軌道の電子配置が元素のさまざまな性質を決定的に支配することになる。

 原子は、内側の軌道が定員数の電子で満たされた上に、一番外側の軌道が定員数ちょうどの電子で満たされた時（このような電子配置を**閉殻構造**と呼ぶ）、もっとも安定するという性質を持っている。あらゆる化学反応は、この"安定"を求めて生じる、と考えてもよい。

## 原子の結合

 すべての物質は原子からできているのであるが、物質が形成されるためには、それらの原子が結合しなければならない。ブロックや材木だけあっても、それらを組み立てなければ建物や構造物にならないのと同じ理屈である。

 原子同士はどのように結合するのだろうか。

 まず、原子は**結合手**と呼ばれる"手"を持っており、図5.3に模式的に示すように、その"手"で互いに"握手"することで結合すると考えればよい。この"手"にはさまざまな種類があり、その"握力"（結合の強さ）も異なる。また、元素によって、"手"の数も異なる。

 実は、この"手"の実体は、原子の一番外側の軌道に存在する電子（価電子）で、図5.3は図5.2に示したシリコン原子の結合の様子を模式的に示したもの

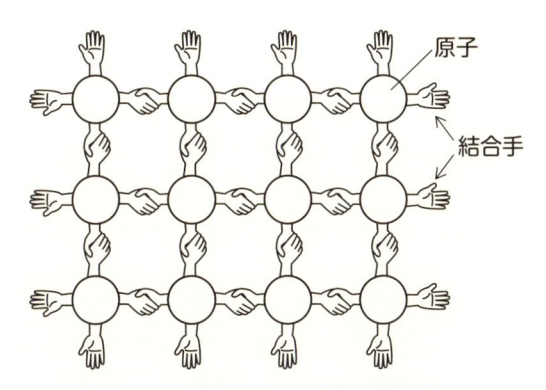

図5.3 "握手"による原子の結合

図5.4　電子による原子の結合

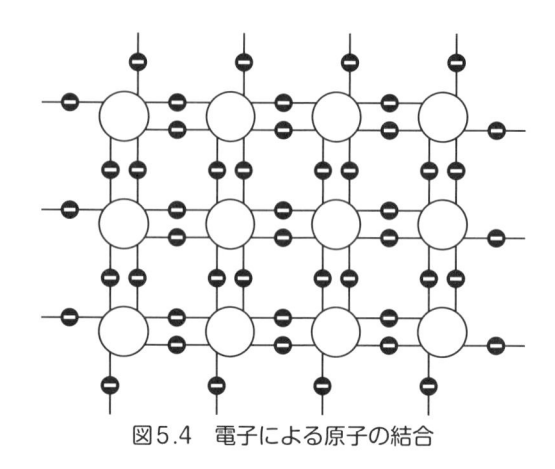

である。そこで、図5.3の原子の結合の様子を、より科学的に描くと図5.4のようになる。このような結合を**共有結合**と呼ぶ。この図で⊖は一番外側の軌道に存在する電子を表わすが、中心部に描かれている大きな球は原子核と内側の軌道に存在する電子（シリコンの場合は10個）を含めたものと考えていただきたい。

　ところで、図5.3を見て、「あれ、ちょっとヘンだぞ」と思う読者は鋭いセンスの持ち主である。

　図に示されるように、原子の"手"が平面的に伸びていて、それが平面的に結合して拡がっていったのでは、物質は立体的になれないではないか。ちょうど、バーベキューの時に使われる四角い網のようになってしまうのではないか。当然の疑問である。

　ところが、自然というのはじつに絶妙にできていて、実際の原子の"手"は、たとえば図5.5に示すような形（**正四面体構造**）で立体的に伸びているのである。したがって、これらの原子が無数に結合して形成される物質は立体的になれるのである。後述するダイヤモンドは、図5.6に示すような炭素原子の正四面体構造が無数に結合して構成されている（図5.10 (a) 参照）。

　余談だが、図5.5や図5.6に示した正四面体形は、波の荒い海岸線に、護岸用に積み上げられているテトラポッドとまったく同じ形である。テトラポッドは図5.5と同じ方向に4本の突起を持つコンクリートの塊であるが、この4本

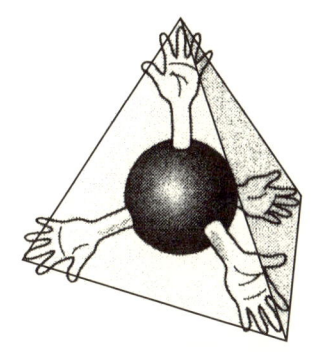

第5章 物質の構造～同じ炭素でも……～ 95

図5.5 原子の立体的な方向
に伸びる"手"

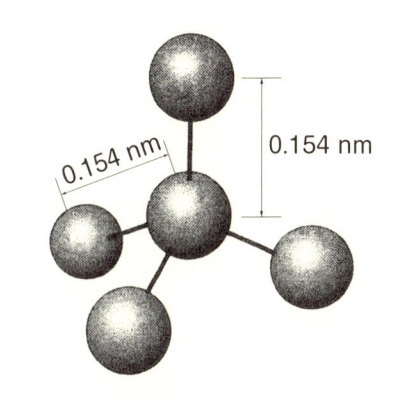

図5.6 炭素原子の正四面体結合

の突起が互いに強く絡み合って、荒波にも流されずに海岸線を守るのである。もちろん、テトラポッドというコンクリート塊は人間が考えだしたものであるが、その原形は自然界に存在する非常に強固な正四面体結合形からヒントを得たものだろう。ちなみに"テトラ(tetra)"は「4」を、"ポッド(pod)"は「足」を意味するギリシャ語である。

　さて、もう一つ、異なる元素間の化学反応を理解する上で大切な結合の仕方について、私たちに身近な食塩という物質の場合を例に説明しよう。食塩は、11番元素のナトリウム(Na)と17番元素の塩素(Cl)が結合してできた塩化ナトリウム(NaCl)という化合物である。それぞれの元素の電子配置を模式的に図5.7(a)、(b)に示す。中心部の円の中の数字は正電荷を持つ陽子の数である。ナトリウム原子は一番外側に1個の電子を持っており、この原子を放出すれば、安定した閉殻構造になれる。一方の塩素原子の一番外側の軌道は、安定した閉殻構造になるには電子が1個不足している。

　このようなナトリウム原子と塩素原子が出合えば、まさに、互いに「渡りに舟」で、ナトリウム原子は電子を1個放出し、塩素原子は電子を1個取り込むことによって、両者は安定した閉殻構造を持つことができるのである。このこと自体は、両原子にとって「めでたし、めでたし」なのであるが、電子を"やりとり"した結果、それぞれの原子の"電気的中性"が崩れてしまう。つまり、ナトリウム原子は電子1個を放出したことにより、＋1の**陽イオン**$Na^+$ (c)にな

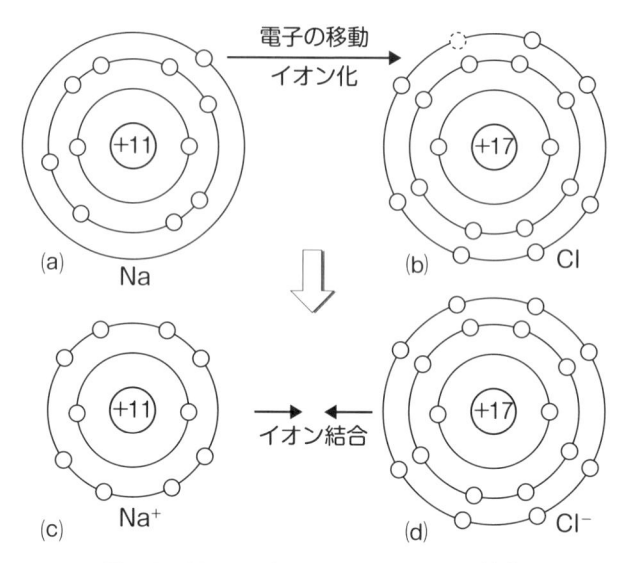

図5.7 Na原子とCl原子とのイオン結合

る。一方の塩素原子は電子1個を取り込んだことにより、−1の**陰**イオンCl⁻(d)になる。電気には「異種の電気には引力が、同種の電気には斥力がはたらく」という性質があるのでNa⁺とCl⁻が結合してNaClになるのである。このような結合を**イオン結合**と呼ぶ。

## 5・2 さまざまな物質

### 固体・液体・気体

人類を含む生物が存在する上で絶対不可欠な物質といえば、まず最初に思い浮かぶのは水と空気だろう。水は、水素原子2個と酸素原子1個からなる分子（$H_2O$）が結合してできた物質である。**分子**とは、独立した固有の物質（厳密にいえば"電気的に中性の物質"）として存在し得る最小単位のことである。

日常生活の経験から明らかなように、常圧（1気圧）下で、**液体**である水は0℃で凍って氷（**固体**）になり、100℃で沸騰して蒸気（**気体**）になる。気圧が変われば、それらの温度も変わる。たとえば、0.62気圧の富士山頂では水が沸騰するのは約88℃である。このような場所で米を炊くと半煮えのまずい御飯に

なってしまうが、それは水温が88℃までしか上がらないからである。逆に、圧力が上がると、水が沸騰する温度が上がる。このことを応用したのが"圧力鍋"である。蓋をネジで締めて密封し、鍋の中の圧力を高めると、鍋の中の水が100℃以上になるので、豆や肉が短時間でよく煮えるというわけである。

つまり、同じ$H_2O$という物質でも、それが存在する条件（圧力、温度）によって、液体、固体、気体という異なる状態（三相あるいは三態）をとり得るということである。もちろん、このことは、$H_2O$に限らず、すべての物質にいえることである。

水（$H_2O$）のように、常温・常圧で液体の物質もあれば、鉄や金などの金属やガラス、プラスチックのように固体の物質もある。水銀は常温、常圧下で液体の金属である。また、酸素、窒素、二酸化炭素などは気体である。

同じ元素からなる物質が、それが存在する条件によって、異なる三相をとるのは、簡単にいえば、存在条件によって、その物質を形成する原子（分子）間の"絆"（結合）の強さが変わるからである。図5.3で説明したように、物質を形成する原子（分子）は互いに"手"で"握手"しながら結びついているのであるが、物質の状態は、その握手の強さに依存するのである。

物質の三相の違いを模式的に描いたのが図5.8である。図中の●は原子あるいは分子を表わすが、以下の説明では原子に代表させる。三相いずれの場合も同数の原子（●）が描かれていることに留意していただきたい。

高温から徐々に温度を下げていく場合について説明するが、低温から徐々に

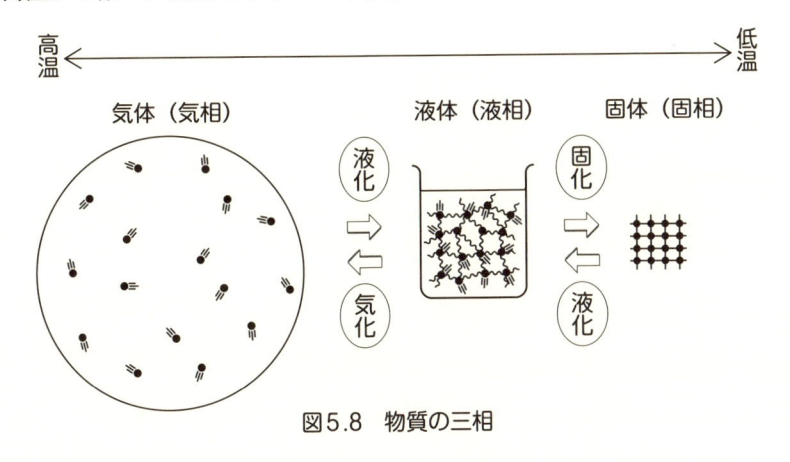

図5.8 物質の三相

温度を上げていく場合には、逆方向の現象が起こる、と理解していただきたい。

気体を形成する原子間の"絆"は非常に弱いので、原子はほぼ離れ離れに、すなわちほとんど自由に空間内を運動している。したがって、気体は定まった形を持たないだけでなく定まった体積も持たない。気体を形成する原子は大きな**運動エネルギー**を持ち、いわば"ハイ"な状態になっているのであるが、その源は高温をつくっている**熱エネルギー**である。

気体の温度を下げていくと、気体を形成する個々の原子の活動力が低下し、原子間に作用する"互いに一緒になろうとする力"が大きな役割を果たすようになる。こうなると、個々の原子は離れ離れの状態を保てなくなって液体に変わるのである。この時、原子同士は互いに近づき、それらの"絆"は気体の時と比べるとずっと強くなっている。しかし、その"絆"は全原子の集合体を固定するほどには強くないので、液体は全体として流れの運動ができる程度の自由度を持っている。この結果、液体も気体と同様に定まった形を持たないが、一定条件下では一定の体積を持つ。

液体の温度がさらに下げられると、個々の原子の活動力はさらに低下し、原子間の"絆"がより強固になり、個々の原子が"固定"され(厳密にいえば、原子は微視的な振動を繰り返している)固体になる。したがって、一定条件下で固体の形も体積も一定である。

しかし、固体といえども、それが存在する温度、圧力によっては膨張して大きくなったり、収縮して小さくなったりする。もちろん、液体、気体でも同様である。暑い夏の高圧電線はダラリと垂れ下がっているのに、寒い冬になると、それが心もちピンと張っていることに気づいたことはないだろうか。これは、電線を形成している金属が、夏は高温のために膨張して長くなり、逆に冬は低温のために収縮して短くなるからである。このような物質の膨張・収縮は、結局、原子同士を結びつけている"手"が長くなったり、短くなったりしていることにほかならない。

## 結 晶

すべての物質は結合した原子によって形成されるのであるが、その原子の並び方、つまり配列の秩序性、無秩序性によって物質の性質、外観は大いに変わ

る。そのことは、積み木あるいはブロックで何か構造物をつくった場合のことを考えれば容易に理解できるだろう。

原子が三次元的秩序（規則性）を持って整然と並んでいる物質を**結晶**と呼ぶ。それに対し、無秩序に、規則性を持たずに雑然と並んでいる物質を**非結晶**と呼ぶ。

物質は原子の集合体であるが、その原子の大きさは90ページに述べたように非常に小さく、その実際の集合状態を見るには電子顕微鏡のような装置が必要であるが、原子を○で表わし、二次元的な平面模式図で描いてみると図5.9のようになる。このような平面の積み重ねが三次元の立体である実際の物質と考えていただきたい。

図5.9(a)は、ある体積を持つ物質全体にわたって、三次元的原子配列の秩序性が保たれている場合で、"全体が一つ(単)の結晶"という意味で**単結晶**と呼ばれる。図5.9(b)は部分的には原子配列の秩序性が保たれているが、物質全体にわたる秩序性は保たれていないので、"多くの結晶からなる物質"という意味で**多結晶**と呼ばれる。図5.9(c)は物質全体にわたって原子配列が無秩序の場合で"結晶に非ず"という意味で**非結晶**あるいは**アモルファス**と呼ばれる。

自然界に存在するほとんどすべての物質、物体は図5.9(a)か(b)の状態である。図5.9(c)の状態は人工的につくられる場合が多く、アモルファス金属などが特殊材料としての用途を持っている。

人間社会や身の回りの事象、さらに私たちの頭の中などは総じて"多結晶の状態"のように思える。

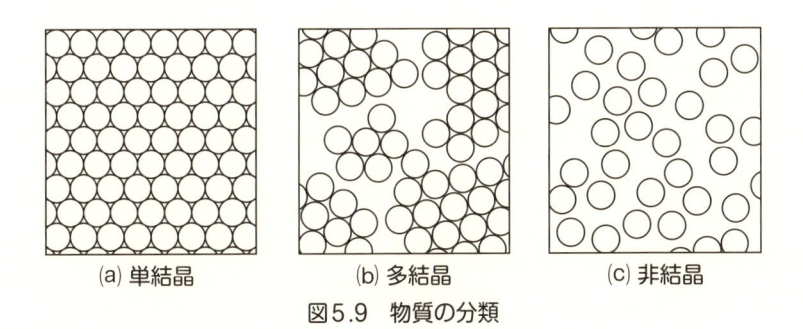

(a) 単結晶　　(b) 多結晶　　(c) 非結晶

図5.9　物質の分類

いま述べたように、結晶は原子が三次元的秩序性を持って配列した物質であるから、図5.8に示した気体や液体にはあり得ない構造である。しかし、高分子有機物質の液体の中には、それを構成する棒状あるいは板状の分子が、ある条件下で秩序性を持って配列(配向)するものがある。このような液体は"結晶のような液体"という意味で液晶と呼ばれる。液晶は、その特異な性質からさまざまな電子機器、パソコン、薄型テレビなどに"液晶ディスプレイ"として多く利用されている。

## 同じ炭素でも

この地球上にはおよそ100種類の元素が存在するが、私たちにとってもっとも身近な元素は何といっても酸素(O)、水素(H)、窒素(N)、そして炭素(C)であろう。

私たちは酸素と水素なしでは一瞬たりとも生きられないし、私たちの身体はほとんど炭素、酸素、水素、窒素の化合物でできている。また、地球上には炭素の化合物が無数にある。

空気はほぼ窒素と酸素から成る気体だが、微量に含まれる二酸化炭素($CO_2$)も重要な役割を果たしている。動物は酸素を吸収(呼吸)して炭素化合物を酸化し、二酸化炭素を吐き出す。また、植物は二酸化炭素を吸収し、炭酸同化作用によって炭水化物をつくって酸素を吐き出している。動植物が死んで腐る時は、有機物がバクテリアによって分解されて二酸化炭素を発生する。

このように自然界では、あらゆる生物にとって不可欠の炭素の循環が行なわれている。

炭素は元素のままの単体で現われることも多い。昔、日本の家庭の燃料のほとんどは薪と炭であったが、炭は炭素の単体である。"宝石の王様"ダイヤモンドも炭素の単体の一種である。ダイヤモンドの"原料"が炭と同じ炭素であることを知っている人は少なくないと思うが、実際、あの真っ黒な炭とピカピカ光り輝く透明のダイヤモンドの"元"が同じ炭素であるというのは不思議なことである。付け加えれば、鉛筆やシャープペンシルの芯の主成分も炭素の単体である。このように、1種類の同じ元素で構成されていながら性質が異なる単体のことを同素体という。

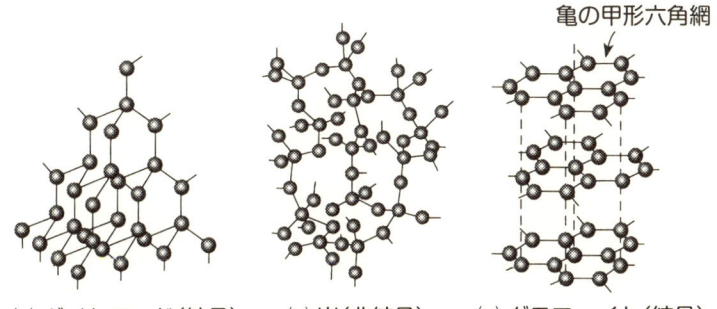

第5章 物質の構造〜同じ炭素でも……〜　101

(a) ダイヤモンド（結晶）　(b) 炭（非結晶）　(c) グラファイト（結晶）
図5.10　さまざまな炭素の同素体

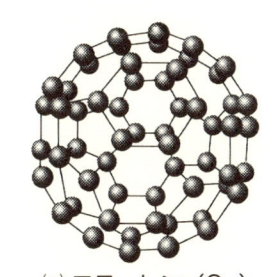

(a) フラーレン（$C_{60}$）

(b) カーボン・ナノチューブ

図5.11　炭素の新しい同素体

　ダイヤモンドは図5.10(a)に示すような結晶構造（ダイヤモンド構造）をしているし、炭は図5.10(b)に示すような非結晶構造である。鉛筆の芯は図5.10(c)に示すように、亀の甲形六角網が層状に並んだグラファイト（黒煙）構造の小さな結晶が不規則に並んだ多結晶である。筆圧によって、層状の結晶面（弱いファン・デル・ワールス結合）が簡単にはがれるので筆記具として用いられるのである。なお、1枚の亀の甲形六角網はグラフェンと呼ばれ、近年、特にエレクトロニクスの分野で大きな期待が掛けられている新材料である。

　また、炭素の新しい同素体として、図5.11(a)、(b)に示すフラーレン、カーボン・ナノチューブがそれぞれ1985年、1991年に発見され、さまざまな分野の新奇な応用が期待される新材料となっている。これらはいずれもグラフェンが球状あるいは筒状に閉じた構造になっており"特殊なグラフェン"と呼ぶことができるだろう。

　フラーレンは60個の炭素原子から成るボール状の分子で（そのために、一般に $C_{60}$ と表記される）、その直径は約 $7 \times 10^{-10}$ m である。きわめて興味深いこ

とに、このフラーレンは図5.12に示すサッカーボールの形状とまったく同じなのである。

サッカーボールは、正五角形を12枚、正六角形を20枚張り合わせた32面体になっている（空気圧によって全体としては球状になる）。この32面体の頂点の数がちょうど60個であり、ここに炭素原子を配置すると、図5.11（a）に示す$C_{60}$になる。私は、自然の神秘さにただただ驚くばかりである。

図5.12　サッカーボール

このように、炭素にはさまざまな同素体があるが、それらはまず結晶か非結晶かに大別される。そして、同じ結晶でも、炭素原子の結合の仕方によって、まったく性質が異なる物質になってしまうのである。つまり、同じ炭素でありながら、性質が大きく異なるのは、それらを構成する炭素原子の結合の仕方が異なるからであるが、不思議といえばまことに不思議なことである。

## 宝　石

古代から現代に至るまで、宝石は多くの人、特に女性を魅了して来た。

この地球上に、石は無数に存在するが、宝石と呼ばれるような石は量的にまことに希少である。

宝石は文字通り"宝の石"であり、真珠や珊瑚などの例外を除けば鉱物である。

地球（地殻）は、多種多様な岩石から成り立っており、岩石を形成する構成単位が鉱物である。それぞれの鉱物は均質な無機物で、特有の化学組成を持っている。

地球には約3000種の鉱物があるが、その鉱物を形成するのは自然界に存在する90種ほどの元素である。鉱物に限らず、地球上に存在するすべての物質は、これらの元素の組み合わせや結合の仕方の違いによる結果であることはすでに述べた通りである。

地殻中の元素のおおまかな存在度は一般に**クラーク数**という数値で表わされる。表5.1に上位8種の元素を示す。また、主な宝石の特徴と化学組成を表5.2

第5章　物質の構造～同じ炭素でも……～

表5.1　地殻における元素存在度

| 元素 | 存在度（組成重量%） |
|---|---|
| 1　酸素 (O) | 46.4 |
| 2　シリコン (Si) | 28.2 ⎫ |
| 3　アルミニウム (Al) | 8.2 ⎬ 82.8 |
| 4　鉄 (Fe) | 5.6 |
| 5　カルシウム (Ca) | 4.2 |
| 6　ナトリウム (Na) | 2.4 |
| 7　マグネシウム (Mg) | 2.3 |
| 8　カリウム (K) | 2.1 |

(『岩波理化学辞典 第4版』岩波書店、1987をもとに作成)

表5.2　主な宝石の特徴と化学組成

| 宝石名 | 特徴、色 | 化学組成 |
|---|---|---|
| ルビー | 赤色、透明 | $Al_2O_3$ |
| サファイア | 青色、透明 | |
| 水晶 | 無色、透明 | $SiO_2$ |
| アメシスト | 紫色、透明 | |
| オパール | 紅色のきらめき | $SiO \cdot nH_2O$ |
| トパーズ | 黄色、透明 | $Al_2SiO_4(F, OH)_2$ |
| ガーネット | 赤色、透明 | Mg、Fe、Ca、Al などのケイ酸塩* |
| エメラルド | 緑色、透明 | |
| アクアマリン | 青色、透明 | $Be_3Al_2Si_6O_{18}$ |
| ムーンストーン | 乳白色、青色の閃光 | $(K, Na)AlSi_3O_8$ |
| トルコ石 | 青色 | $CuAl_6(PO_4)_4(OH)_8 \cdot 4H_2O$ |
| ダイヤモンド | 強い光輝、無色、透明 | C |

＊一般式 $xM_2O \cdot ySiO_2$ で表される化合物。
　M は Mg、Fe、Ca、Al、Na、K など。

に示す。

　これら二つの表を見て、意外なことに気づかないだろうか。

　前述のように、宝石は希少な"宝の石"なのであるが、その"成分"つまり"原料"はいずれも"どこにでもある、ありふれた元素"なのである。

　宝石が普通の石とは異なる"何か"は何か。

　まず、大多数の宝石は結晶、特に単結晶であり、宝石の美しさの源はその単結晶構造にある。すべての宝石が単結晶であるとは限らず、またすべての単結晶が宝石のように美しいとは限らないが、表5.2に示したような透明の宝石はすべて美しい単結晶である。

　ダイヤモンドとともに、赤いルビーと青いサファイアは宝石の代表格であるが、その化学組成は研磨などに用いられる白い粉、あるいは耐火坩堝などに用

いられる白いセラミックスと同じアルミナ（酸化アルミニウム）である。美しい透明の宝石のルビーとサファイアが白いアルミナと異なる理由は、いま述べたように、それらが単結晶か否かにあるが、化学組成も単結晶であることもまったく同じはずのルビーとサファイアの色が著しく異なるのはなぜか。

じつは、ルビーもサファイアも、コランダム（鋼玉）と呼ばれる鉱物で、純粋な酸化アルミニウム（$Al_2O_3$）の単結晶であれば無色透明なのである。にもかかわらず、ルビーとサファイアが美しい赤、青の色を呈するのは、その中に含まれる微量の"不純物"のはたらきのためである。つまり、無色透明のコランダムの結晶構造の中に微量の酸化クロムが入り込むと美しい赤色を発し、ルビーと呼ばれる宝石になるのである。また、微量の酸化チタニウムと酸化鉄が入り込めば美しい青色を発し、サファイアと呼ばれる宝石になるのである。

このように、主成分、結晶構造が同じでも、その中に微量に含まれる"不純物"の種類によって色が異なり、別名が与えられている宝石は、表5.2の中ではほかに水晶とアメシスト（紫水晶）、エメラルドとアクアマリンがある。

宝石の美しさの秘密の一つは"不純物"というあまり名誉でない名前で呼ばれる、微量に含まれる化学物質に隠されているのである。

この"不純物"は料理に使われる"隠し味"、"調味料"のようなものである。また、前述のように、宝石の"素材"はどこにでもある、ありふれたものである。自然は、これらから見事な"料理"をつくる。私は、つくづく、自然は"料理の達人"だと思う。

＜さらに理解を深めるための参考書＞
1. 志村史夫『ハイテク・ダイヤモンド』（講談社、1995）
2. 志村史夫『固体電子論入門』（丸善出版、1998）
3. 志村史夫『したしむ固体構造論』（朝倉書店、2000）
4. 志村史夫『したしむ電子物性』（朝倉書店、2002）
5. セオドア・グレイ（若林文高監修、武井摩利訳）『世界で一番美しい元素図鑑』（創元社、2010）

# 仕事とエネルギー
## ～すべての活動の源泉～

第6章

　私たちの日々の活動の源はエネルギーであり、それは体内に保持される活気、精力である。私たちが生きていく上でエネルギーは不可欠なものである。

　あらゆる科学・技術の分野でもっとも重要な概念も、このエネルギーと物質である。宇宙、自然界は物質とエネルギーの組み合わせでつくり上げられている。物質が構成要素であり、その構成要素を動かすのがエネルギーである。第2章で述べた「運動」の源もエネルギーであり、エネルギーなくしてはいかなる運動も生じない。

　また、現在、私たち人類は地球的規模のさまざまな"環境問題"に直面しているが、これらの問題の根源は、結局のところ、人類が物質とエネルギーを利用して築き上げて来た文明である。私たちの日々の生活を考える上でも、"環境問題"を科学的、技術的に解決しようとする上でも、物質と共にエネルギーについて理解を深めることは大切である。

## 6・1　仕　事

**エネルギーと仕事**

　私たちは日常生活のさまざまな場面でエネルギーという言葉を使うが、この"エネルギー"は「活動する」という意味を持つ英語の"energy"をカタカナ表示したものである。物理学におけるエネルギーは「自然界(人間界も含まれる)に起こるさまざまな変化の原動力になる能力」を意味する。

　物質は具体的であるが、"能力"であるエネルギーは抽象的である。エネルギーそのものを人間の五感で"形"として認識することはできない。私たちの日常生活、社会生活において、能力の"結果"は見ることができても、能力自体を見ることができないのと同じである。だから、能力の評価は難しい。

　振り上げたハンマーには釘を打ち込む能力があり、弾丸には物を破壊する能

力がある。熱には機関車を動かす能力があるし、光や電気にもさまざまな仕事をさせる能力がある。このように、物理的なエネルギーとは、物体に**仕事**をさせる能力を持つ"何か"のことである。

ここで、物理学でいうところの仕事を簡単に定義しておこう。この"仕事"の量によって、私たちには見えないエネルギーの大きさを知ることができる。

日常生活でも"仕事"という言葉は「仕事がはかどらない」とか「それはいい仕事だ」とか「彼は仕事ができる」などと使われる。これらの"仕事"が意味するのは「職業・職務、しなければならないこと」である。しかし、物理学における"仕事"の意味は異なる。「物体に力 $F$ を作用させ、距離 $L$ だけ動かした時の $<F \times L>$」と定義されるのが物理学上の仕事である。仕事を $W$ で表わせば

$$W = FL \tag{6.1}$$

となる。この場合の**仕事量**は動かす物体の質量と速さによっても異なる。実際、17ページの式 (2.9) をこの式に代入すれば

$$W = maL \tag{6.2}$$

となる。つまり、より重い物をより速くより遠くへ動かすほど大きな仕事が必要である、という私たちの日常的経験が数式で表わされることになる。

さて、たとえば図6.1(a)のように、持ち上げた鉄球から手を離して杭の上に落下させる。もし、この杭が打ち込まれたとすれば。この鉄球は杭を打ち込むだけのエネルギーを持っていたことになるが、そのエネルギーはどのように

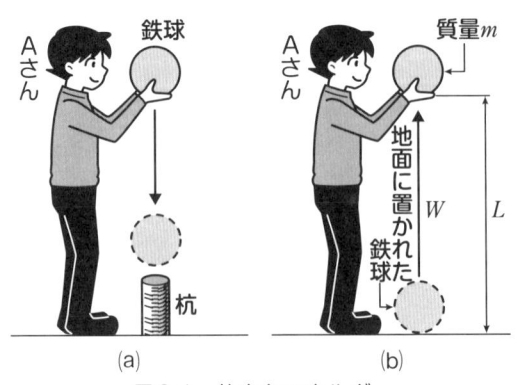

図6.1 仕事とエネルギー

して生まれたのだろうか。それは鉄球が元々持っていたエネルギーだろうか。しかし、図6.1(b)に示される地面に置かれた鉄球に杭を打ち込むエネルギーはない。鉄球は$L$の高さまで持ち上げられることによって杭を打ち込むようなエネルギーを得たのである。しかし、鉄球は自然にその高さまで浮き上がったのではない。図に示されるAさんによって持ち上げられたのである。そのAさんは質量$m$の鉄球を重力の加速度$g$に逆らって$L$だけ持ち上げたのだから、$F = mg$を式(6.1)に代入して

$$W = mgL \tag{6.3}$$

の仕事をしたのである。つまり、杭を打ち込む鉄球のエネルギーは、地面から$L$の高さまで持ち上げるという仕事によってもたらされたものである。仕事をするにはエネルギーが必要であり、仕事をすればエネルギーが生まれる。

なお、仕事$W$の単位は表1.2に示したように

$$F\,[\mathrm{N}] \times L\,[\mathrm{m}] = W\,[\mathrm{Nm}]$$

のように組み立てられ、1ニュートン(N)の力で物体を1m動かした時、力が物体にした仕事を1ジュール(J)と定めている。つまり

$$1\,[\mathrm{N}] \times 1\,[\mathrm{m}] = 1\,[\mathrm{J}]$$

である。

## 仕事の原理

質量$m$の物体を地上から高さ$L$まで引き上げる場合、図6.2に示すように、

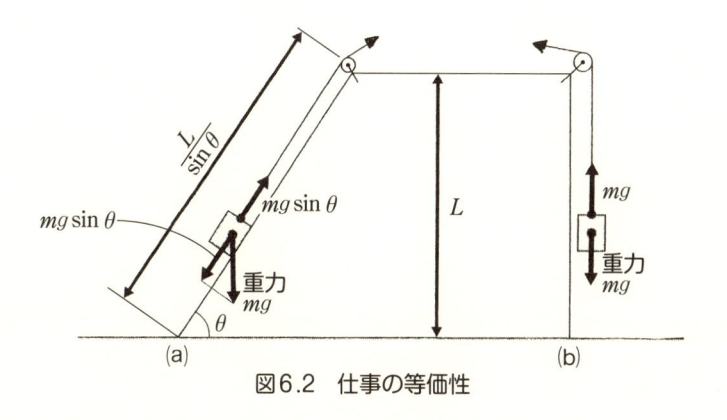

図6.2 仕事の等価性

斜角 $\theta$ の斜面を引き上げる方法 (a) と垂直に引き上げる方法 (b) がある。垂直に引き上げる場合の仕事量は、いま述べたように式 (6.3) で与えられる。そこで、斜面を引き上げる場合の仕事量について考えてみよう。この場合、物体と斜面間などにはたらく摩擦は無視する。

重力の加速度 $g$ の斜面方向の成分は $g\sin\theta$ なので、質量 $m$ の物体を斜面方向に引き上げるのに要する力 $F$ は

$$F = mg\sin\theta \tag{6.4}$$

で与えられる。そして、引き上げる距離は図より $\dfrac{L}{\sin\theta}$ になり、この場合の仕事量は

$$W = mg\sin\theta \times \dfrac{L}{\sin\theta} = mgL \tag{6.5}$$

となる。つまり斜面を引き上げる場合は小さな力で引き上げることができるが、引き上げる距離が長くなり、結果的に、垂直に引き上げる場合と仕事量は同じになる。

一般的に、重力に逆らうような仕事の場合、斜面や梃子や滑車などを用いることによって、必要な力を軽減することはできるが、同じ距離を移動するのに要する仕事量は変わらない。これを**仕事の原理**と呼ぶ。

## 6・2 さまざまなエネルギー

**エネルギー変換**

自然界にはさまざまなエネルギーがあるが、エネルギーの"源"の科学的観点から考えると、力学的エネルギー、光エネルギー、熱エネルギー、電気エネルギー、化学エネルギー、原子核(原子力)エネルギーなどと呼ばれるものに分類できる。

現実的に、私たちは、さまざまなエネルギーをさまざまな装置や器具に用いたり、形を変えたりして活用しながら生活している。私たちの肉体自体、さまざまな食物から活動エネルギーを得ているのである。だから、食料が絶たれることはエネルギーの供給が絶たれることであり、"餓死"という死に至ることになる。

現代社会の中で生活する私たちにとって、もっとも身近、便利、かつ重要な

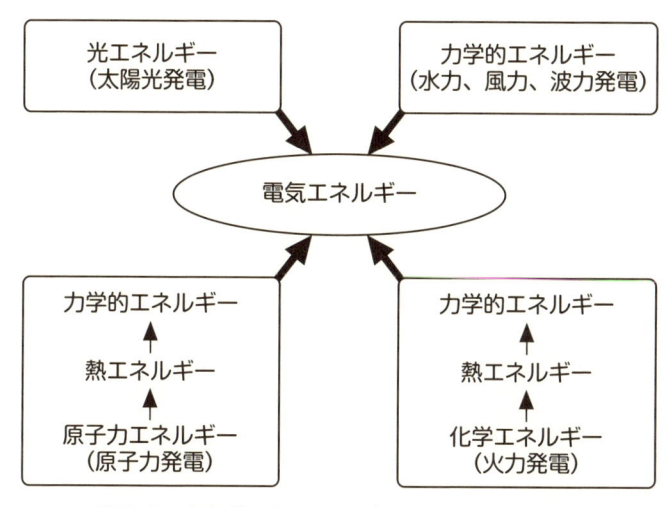

## 図6.3 さまざまなエネルギーとエネルギー変換

```
光エネルギー              力学的エネルギー
(太陽光発電)            (水力、風力、波力発電)
       ↘                  ↙
         電気エネルギー
       ↗                  ↖
力学的エネルギー          力学的エネルギー
    ↑                       ↑
熱エネルギー              熱エネルギー
    ↑                       ↑
原子力エネルギー          化学エネルギー
(原子力発電)              (火力発電)
```

エネルギーは電気エネルギーであろうが、その電気エネルギーは図6.3に示すように、さまざまなエネルギーを変換して得られている。また、このようにして得られた電気エネルギーが、暖房器具や照明器具、電気自動車などに使われたりすることは、それが熱エネルギー、光エネルギー、力学的エネルギーなどに変換されることを意味する。

エネルギーは仕事を通して、他のエネルギーに変換される。

インプットされる(変換される)エネルギーをA、アウトプットされる(新しく得られる)エネルギーをBとすると、その変換のされ方は次ページの図6.4に示す4通りが考えられる。

(1)は水力発電のように、水の力学的エネルギーを電気エネルギー(電力)に変換するような場合である。(2)は、電気発熱体(電球のフィラメントなど)に電気を流すような場合で、電気エネルギーは光と熱に変換されている。(3)は太陽光発電のような場合で、さまざまな波長の光のエネルギーが熱エネルギー(あるいは電気エネルギー)に変換される。(4)は、人類を含む動物がさまざまな食糧を摂取し、肉体労働、頭脳労働、細胞分裂、新陳代謝などのためにさまざまな形のエネルギーを生んでいる場合である。

以上の例はエネルギーの質的変換の場合であるが、このほかにも、A → a、

```
         ┌──仕事──┐
         ↓
(1) [エネルギーA] ──→ [エネルギーB]

(2) [エネルギーA] ┬─→ [エネルギーB₁]
                 ├─→ [エネルギーB₂]
                 └─→ [エネルギーB₃]
                      ⋮

(3) [エネルギーA₁] ┐
    [エネルギーA₂] ┼─→ [エネルギーB]
    [エネルギーA₃] ┘
        ⋮

(4) [エネルギーA₁] ┬─→ [エネルギーB₁]
    [エネルギーA₂] ┼─→ [エネルギーB₂]
    [エネルギーA₃] ┴─→ [エネルギーB₃]
        ⋮                ⋮
```

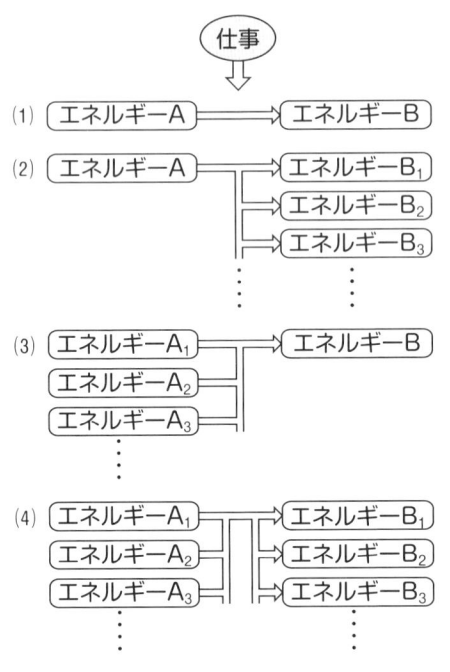

図6.4　エネルギー A からエネルギー B への変換

a → A のように、エネルギーの量的変換が行われる場合もある。

いずれにせよ、エネルギーは仕事を通して、他のエネルギーに変換されるのである。

## エネルギー保存則と質量保存則

いま述べたように、さまざまなエネルギーは仕事を通じてさまざまなエネルギーに変換されるが、自然界には「エネルギーはある種類からほかの種類に変換され得るが、どのような過程においても、決して消滅することも、つくり出されることもなく、エネルギーの総量はいつも同じである」という**エネルギー保存(不変)則**という大法則がある。

図6.3にさまざまなエネルギーを電気エネルギーに変換する発電を示したが、たとえば、火力発電は化石燃料が持っている化学エネルギーが熱エネルギー、力学的エネルギーを経て電気エネルギーに変換されるのであるが、それぞ

れの変換前後のエネルギーの総量は、変換時にともなわれるエネルギー損失を考慮に入れれば"総和"は不変である。

一方、エネルギーと対を成す物質（質量）についても、「化学反応の前後において、物質がどのように形を変えても物質全体の質量は不変である」という**質量保存（不変）則**という大法則がある。たとえば、1gの水素と8gの酸素が化合すれば9gの水ができる。この反応前の総質量「1g＋8g」は反応後の総質量9gに等しい。

すでに述べたように、物質は物体であり、ある"実質"を持つが、エネルギーには"実態"がなく、これは物体ではない。したがって、従来、物質を規定する質量とエネルギーはそれぞれ独立した概念として扱われて来た。そして、上述の「質量保存（不変）則」と「エネルギー保存（不変）則」がそれぞれ独立に成り立ち、物理学において自然界の大法則として君臨していたのである。

しかし、20世紀になって、質量とエネルギーは本質的に同じものであることがわかった。それを証明したのが、アインシュタインの「$E = mc^2$」という"世界一有名な方程式"で、質量とエネルギーは相互に転換されるものであることが明らかにされたのである。

そして、現在では、「質量保存（不変）則」と「エネルギー保存（不変）則」は一つにまとめられ**「質量・エネルギー保存（不変）則」**ということになる。

とはいえ、エネルギーと質量とを互いに変換する定数つまり"為替レート"（$c^2$）はあまりにも大きな数なので、日常的なレベルでは、「質量保存（不変）則」と「エネルギー保存（不変）則」がそれぞれ独立に成り立っているとみなしてもよい。

## エントロピーとエネルギーの発散

エントロピーとは何か、をきわめて簡潔にいえば「無秩序さ、乱雑さの尺度」なのであるが、その「無秩序さ、乱雑さ」とは何なのか、ということを考える。

太陽を含むすべての恒星（自ら発光する天体）は、いわばエネルギーの"塊"であり、そのエネルギーをさまざまな形に変えて宇宙空間に移動させている。エネルギー保存則により、全宇宙空間のエネルギーの総和は変わらないが、空間に発散されたエネルギーは、次第に、その利用価値を下げていく。そして、

一度発散されたエネルギーが逆向きに移動し、元のエネルギーの"塊"に戻ることは決して起こらない。

このエネルギーの発散、利用価値を下げていくということを理解するには、固形石鹸のことを思い浮かべるとよい。

手などを洗う時に使う石鹸は、それが固形("洗浄力"というエネルギーの塊)の状態の時には利用価値がある。しかし、それが、たとえば、大浴場の大量の湯を満たした湯舟に放り込めば、徐々に溶けて、いずれは固形(塊)の姿を失い、希薄な石鹸水(湯)の溶質に変わってしまう。このことは、"洗浄力"というエネルギーの塊が発散してしまい、実質的に、その石鹸としての価値を失ったことを意味する。発散すればするほど洗浄力が弱くなってしまうのである。もちろん、物質としての石鹸の総量は、質量保存則に従い、発散の前後で変わらない。

このような"発散の度合い"の尺度がエントロピーと呼ばれるものである。

上の例では、固形の石鹸が湯舟の中で溶けることを「エントロピーが増大した」という。

後述するように、熱は高温の熱源から低温の熱源へ移動する時に限って仕事をする。したがって、たとえどんなに高温であっても、移動しない熱の利用価値はゼロなのである。熱が高温の熱源から低温の熱源へ移動する、ということはエントロピーの増大を意味する。熱が低温の熱源から高温の熱源へ移動する、ということは絶対に起こらない。つまり、熱はいつも温度を下げながら、つまりエントロピーを増大させながら仕事をするわけである。

ここまでの説明で、"エントロピー"というものが、なんとなくわかっていただけたのではないかと思うが、それでも"尺度"といいながら、その"単位"については何も触れられていないので、依然として釈然としないかも知れない。"尺度"というからには、長さのcmや重さのkgのような"単位"がないとすっきりしない、というのはよくわかる。しかし、エントロピーの"単位"はいささか厄介で、話が専門的にならざるを得ないので、ここでは"単位なしのエントロピー"を理解していただければ十分である。

いま述べた「**エントロピー増大則**」も「エネルギー保存則」、「質量保存則」と並ぶ自然界の三大法則の一つである。

## 6・3 力学的エネルギー

### 位置エネルギー

　図6.1で持ち上げた鉄球が杭を打ち込むだけのエネルギーを持っていたことを述べたが、同じようなことを、今度は気分を変えて、図6.5(a)のように火山が噴火により地上の高さ$L$まで噴き上げた質量$m$の火山弾が持つエネルギーについて考えてみよう。

　図6.1で述べた鉄球の場合と同様に、噴き上げられた火山弾が地表に落下し、その落下点に何かがあったとすれば、その何かは何らかのダメージを受けることになる。つまり、その落下する火山弾はそれだけのダメージを与えるエネルギーを持っていたことになる。たとえ同じ質量を持っている火山弾でも地表にころがっていただけではこのようなエネルギーを持つことができない。

　火山弾は重力の加速度$g$に逆らって（引力と逆方向に）噴き上げられたわけだから、この時噴火が行なった仕事は前述のように

$$W = mgL \tag{6.3}$$

である。

　このように高さ$L$まで噴き上げられた火山弾は$mgL$のエネルギーを得たことになる。繰り返しになるが、火山が行なった式(6.3)に示される仕事が火山

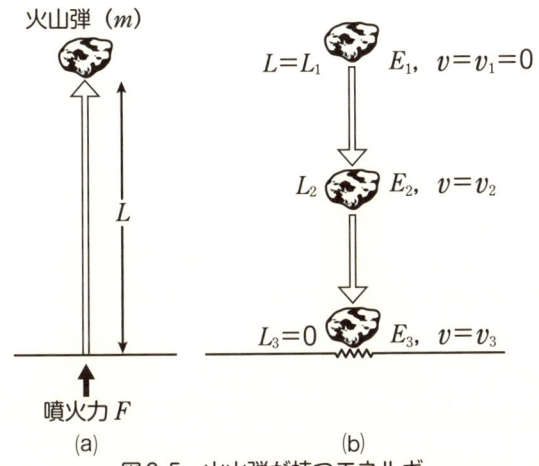

図6.5　火山弾が持つエネルギー

弾が持つ $mgL$ というエネルギーに変わったわけである。このようなエネルギーは高さ $L$（位置）に依存するので**位置エネルギー**（記号 $E_p$ で表わす）と呼ばれ、改めて

$$E_p = mgL \tag{6.6}$$

と記述する。式 (6.6) から明らかであるが、位置エネルギーは $L$ が大きくなるほど大きくなる。つまり、高いところから落下する物体ほど（そして、重い物体ほど）大きな位置エネルギーを持つことになる。

この位置エネルギーの特徴は、その高さ（位置）にまで到達する経路には無関係で、高さ（位置）のみに依存することである。つまり、たとえば、ある高さの山の頂上に登る時、ロッククライマーのように真直ぐ真上に登って行こうが、ジグザグあるいは螺旋状に登って行こうが、結果的に同じ高さに到達した登山者は同じ大きさの位置エネルギーを持つということである。

## 運動エネルギー

次に、図 6.5(b) に示すように、火山弾は高さ $L_1 (= L)$ から地表 ($L_3 = 0$) まで落下する間に徐々に高さを低くするわけだから、位置エネルギーは徐々に小さくなり、$L = 0$ の地表では $mgL$ の $L$ に 0 を代入すれば $E_p = 0$ になってしまう。0（ゼロ）のエネルギーがダメージを与えられるというのはヘンな話である。

ところが、自然界に矛盾はない。

噴き上げられた火山弾が高さ $L$ に達し、落下を始める瞬間、火山弾は静止 ($v = 0$) し、ひとたび落下を開始すると

$$v = gt \tag{2.20}$$

に従って徐々に速さを増していく。そして、

$$P = mv \tag{2.9}$$

で示されたように、火山弾は速さ $v$ に比例した運動量を持ち、結果的に次式で表わされる**運動エネルギー**（記号 $E_k$ で表わす）と呼ばれるエネルギーを増していく。

$$E_k = \frac{1}{2} mv^2 \tag{6.7}$$

つまり、火山弾は落下するに従って、位置エネルギー $E_p (= mgL)$ を失うが、その失った分を運動エネルギー $E_k (= \frac{1}{2} mv^2)$ に変換しているのである。

## 全力学的エネルギー

結局、火山弾が持つ全エネルギー $E$ は

$$E = E_p + E_k \tag{6.8}$$

でいつでも同じことになる（**エネルギー保存則**）。

ここで、図6.5 (b) に示される高さ $L_1 (= L)$、$L_2$、$L_3 (= 0)$ にある火山弾が持つエネルギーをそれぞれ $E_1$、$E_2$、$E_3$ とすると

$$E_1 = E_p + E_k = mgL + 0 \tag{6.9}$$
$$E_2 = E_p + E_k = mgL_2 + \frac{1}{2}mv_2^2 \tag{6.10}$$
$$E_3 = E_p + E_k = 0 + \frac{1}{2}mv_3^2 \tag{6.11}$$

となり

$$E_1 = E_2 = E_3 \tag{6.12}$$

が成り立つ。

このような位置エネルギーと運動エネルギーをまとめて**力学的エネルギー**という。

つまり、式 (6.12) は、落下する物体は落下の過程で、徐々に位置エネルギーを失いつつ、運動エネルギーを得ており、位置エネルギーが連続的に運動エネルギーに変換され、すべての時点で落下する物体が持つ力学的エネルギーの総和は等しい、ということを示しているのである。

## 6・4 熱エネルギー

**熱**

地球上の生物の中で、人類だけが高度の文明を持つようになったが、その発端の一つは、人類が火を使うことを身につけたことである。

人類にとって、火の利用が重大な意味を持ったのは、暗闇を照らす"明かり"のほかに、何よりも、その"熱"のためである。火は熱源として、人類の生活に不可欠のものになった。寒い時には火を用いて暖をとった。また、火を用いて食物を加熱処理することにより、人類の食生活は飛躍的に豊かになった。さらに、加熱処理によって食料の保存を可能にし、生活形態そのものの変化をもたらした。文明が進歩するに従い、熱の利用は拡大され続けた。また、科学

と技術の発展によって、多種多様な熱源が開発され、実用化された。熱の利用の拡大が人類の文明を発展させて来たといっても決して過言ではないだろう。

このように、"熱"は私たちにとって非常に身近なものであり、また、日常生活においてばかりでなく、生命自体の維持にとっても不可欠なものである。ところが、改まって「熱とは何か」といわれると、なかなか難しい。国語辞典には「物を温(暖)め、また焼く力」などと書かれている。

物が燃えれば(つまり火から)熱が出る。また、私たちは、熱が伝導することを実体験から知っている。このようなことから、最初に考えられたのが"熱の物質(熱素)説"というものだった。つまり、熱は熱い物体から冷たい物体へと移動(伝導)する流動性の物("熱素")と考えられたのである。しかし、このような"物質説"だと、摩擦によって熱が生じることがうまく説明できない。そもそも、人類が最初につくった火は摩擦熱を利用したものだった。"熱の物質説"は否定されざるを得ない。

結局、現在の科学知識をもって、「熱とは何か」という問いに対して簡潔に答えるとすれば、「物質を構成する原子・分子の運動エネルギー」ということになるが、ここでは「熱とは仕事をする能力を持つエネルギーの一種」と考えておこう。

## 絶対温度

図5.8に示したように、物質はそれが存在する温度によって固体、液体、気体の三相をとるが、一定圧力下で密閉した気体の温度 $T$ を一定温度以下にすると気体は液化してしまう。気体の0℃の体積を $V_0$、温度 $T$ の体積 $V$ とすれば

$$V = V_0(1 + aT) \tag{6.13}$$

というシャルルの法則と呼ばれる関係が成り立つ。ここで、$a$ は温度変化に対する体積変化の割合を示す熱膨張係数である。

すべての気体は図6.6に示すような挙動を示すのであるが、気体の $V$–$T$ の関係を示す直線を低温側に延長すれば $V = 0$ の点に到達する。どんな物質であれ、その体積がゼロあるいはマイナスになることはあり得ない。つまり、$V > 0$ でなければならないので、仮想的に $V = 0$ となる時の温度が理論的な"最低温

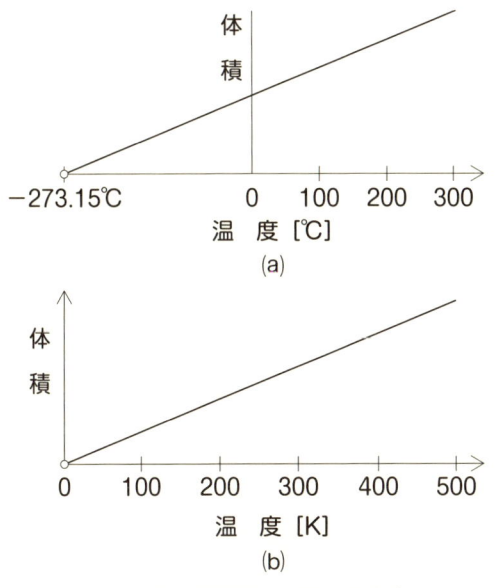

図6.6 摂氏温度(a)と絶対温度(b)

度"ということになる。

　この理論的な"最低温度"は図6.6(a)に示すように－273.15℃と求められている。この－273.15℃以下の温度は理論的にあり得ないので、－273.15℃を**絶対零度**とした図6.6(b)に示す絶対温度が定められている。絶対温度の単位には［K］が用いられ、正式には"ケルヴィン"であるが"ケイ"と略されてと読まれることも多い。一般に、物理学で扱う温度には、この［K］が単位として用いられる。摂氏温度を $\theta$ ［℃］、絶対温度を $T$ ［K］とすれば、それらの間には

$$T\,[\text{K}] = \theta + 273.15\,[\text{℃}] \tag{6.14}$$

の関係がある。なお、単位［℃］に対応する温度間隔と単位［K］に対応する温度間隔とは互いに等しく、1［℃］＝1［K］である。

　ところで、先ほど「温度は物質を構成する原子・分子の運動の激しさの度合である」と述べたが、絶対零度は「物質を構成する原子・分子の運動の激しさ」がゼロ、つまり「物質を構成する原子・分子の運動」が静止する温度である。

## 熱の移動

いま、図6.7(a)のように、同じ物質でできた同じ体積の物体が2個(AとB)あるとする。Aは100℃に熱せられていて、Bは50℃に熱せられている。物体と外界との間に熱の出入りは一切ないものとし、このA、Bを図6.7(b)に示すように、理想的に接触させる。"理想的接触"というのは、AとBとの間にはいかなる物質も空隙もない、という意味である。

このような理想的接触の後、Aの温度は徐々に低くなり、それに応じてBの温度は徐々に高くなる。そして一定時間後には図6.7(c)に示すように、A、B両物体の温度はともに75℃に落ちつく。これは、温度が高いAから温度が低いBへ熱が移動した結果である。Aが失った熱量とBが得た熱量が等しいことは、図6.7で容易に理解できるだろう。

いま「熱が移動した」と述べたのであるが、この時、私たちに観測できるのはあくまでも接触前後のA、Bの温度変化でしかない。熱素のような物質が移動するわけではないのである。

日常経験では当然なことであるが、ここできわめて重要なことは、すでに述べたように、熱は高温部(高温物体)から低温部(低温物体)へ移動するのみで、決して逆方向に移動することはない、ということである。これは、**熱力学の第二法則**と呼ばれる自然界においてきわめて重要な法則である。また、一度移動してしまったら決して元には戻らないような過程を**不可逆過程**と呼ぶ。また、112ページで述べたように、「熱の仕事」は、熱が高温部(高温物体)から低温部(低温物体)へ移動したときのみに行なわれ、たとえいくら高温であっても、熱が移動しない限り、いかなる仕事も行われない。

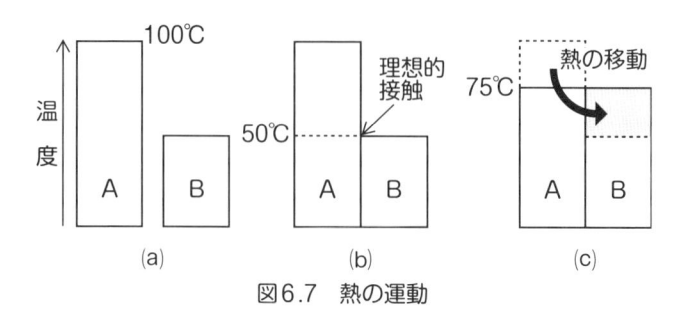

図6.7 熱の運動

## 熱量と比熱

ここで、エネルギーとしての"熱の量"、つまり**熱量**を定量的に定義しておこう。

気体を含まない純水（通常の水には、熱すると泡が出てくることからわかるように気体が含まれている）1gを1気圧下で1K(℃)昇温させる熱量を1カロリー（cal）と定義する。

そして、任意の質量の物体の温度を1Kだけ昇温させるのに必要な熱量を**熱容量**と定義し、記号 $C$ で表わす。

ある物体（物質）に熱量 $\Delta Q$ を与えて、その物体の温度が $\Delta T$ だけ上昇したとすると、熱容量 $C$ は

$$C = \frac{\Delta Q}{\Delta T} \tag{6.15}$$

で与えられる。

任意の質量の物体（物質）の温度を1K上昇させるのに必要な熱量である熱容量は、その質量に比例して増減するので、物質固有の熱容量を比較するには"単位熱容量"を導入する必要がある。そこで「物質1gの温度を1K上昇させるのに必要な熱量」を**比熱**と定義する。比熱は物質固有の物理量である。比熱の単位は［熱量 / 質量・度］だから［cal/g・K］となる。

## 熱の仕事

いま、熱量は「純水1gを1気圧下で1K昇温させる熱量が1カロリー（cal）」と定義された。熱は"エネルギーの一種"だから"仕事"をする。

図6.8に示すように、質量 $m$ のおもりを $L$ だけ落下させたとすると、外からおもりに与えた仕事の量 $W$ は

$$W = mgL \tag{6.3}$$

である。この時、容器内の液体に生じる熱量 $Q$ との間には、容器内の液体の種類（物質）に関係なく、比例定数を $J$ とした比例関係

$$W = JQ \tag{6.16}$$

が成り立つ。おのおのの項に、それぞれの単位をつけて計算すると

$$J = 4.2 \ [\text{J/cal}]$$

が求められる。この $J$ は**熱の仕事当量**と呼ばれる。

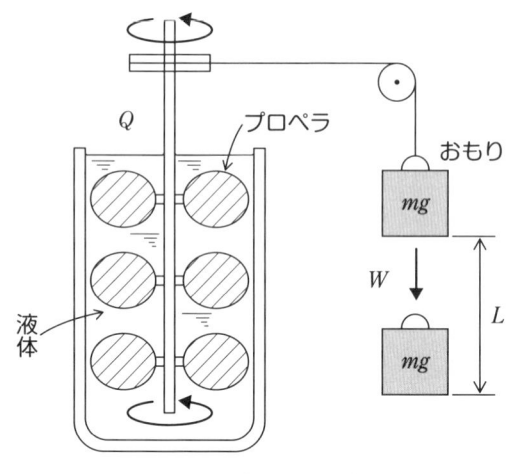

図6.8 仕事 $W$ と熱量 $Q$

熱量の定義から、熱量の単位としては［cal（カロリー）］を用いたが、物質に関係なく、普遍的に、1 cal の熱量は 4.2 J（ジュール）の仕事に相当する。

ちなみに、「1 J（ジュール）」というのは「物体に 1 N（ニュートン）という力がはたらいて、力の方向に 1 m だけ動かす仕事量」である。すでに述べたように、「1 N」は、「質量 1 kg の物体に 1 m/秒$^2$ の加速度を与える力」である。

## 6・5 核エネルギー

### 原子の構造とエネルギー

物質の構造を模式的に図示した90ページの図5.1をもう一度見ていただきたい。すべての物質は原子からできており、原子は中央に位置し正電荷を持つ原子核と、その周囲に存在する負電荷を持つ電子で形成されている。そして、その原子核を構成するのが正電荷を持つ陽子と電気的に中性な中性子である。原子は全体として電気的中性が保たれていることを確認するために、同数の電子と陽子が描かれている。

電気（電荷）には正（プラス、＋）負（マイナス、－）の2種類があり、同種の電荷間には互いに反発し合う斥力が、異種の電荷間には互いに引き合う引力がはたらく。とすると、正電荷を持つ原子核と負電荷を持つ電子間には引力は

たらいて、原子核と電子は衝突して原子はつぶれてしまうのではないか、という疑問が湧かないだろうか。当然の疑問である。

ところが、自然界はうまくできているもので、原子核と電子間にはたらく引力（電気的な**クーロン力**）と原子核を周回する電子の遠心力（力学的な力）とが均衡し、電子は原子から一定の距離の軌道に留まることができるのである。この説明は「古典物理学」による説明であり、いま私たちは、それとは異なる「量子物理学」の説明を知っているが、ここでは「古典物理学」の理解で十分である。

それからもう一つ、原子核の構造を見ると、新たな疑問が湧く。

同種の電荷間には斥力（クーロン力）がはたらくのだから、陽子と中性子で構成される原子核は陽子同士の斥力（反発力）でバラバラにならないのだろうか。これも当然の疑問である。

反発力を持つ複数の陽子をうまく束ねているのが中性子であり、具体的には、そこにはたらく**核力**という力（**核エネルギー**）である。つまり、陽子間にはたらく電気的斥力よりも核力の方が大きいのである。この核力のお蔭で、原子核はバラバラにならず、安定に保たれる。

アインシュタインの $E = mc^2$ によって示唆された原子の内部から取り出し得る巨大なエネルギーは、原子核の中に含まれていた。その巨大なエネルギーが最初に実用されたのは、原子力発電ではなく、日本に落とされた2個の原子爆弾だったことは皮肉なことである。

## 同 位 体

原子核のもう一つの構成要素である中性子の数は原子番号、つまり陽子の数と共に増えていくが、必ずしも陽子の数と同じというわけではないし、単純に増加していくわけでもない。20番くらいまでの"軽い元素"の多くは、陽子と同数の中性子を持つが、"重い元素"になるに従い陽子より多くの数の中性子を持つようになる。また、同じ元素で、つまり、陽子の数は同じ（ということは、電子の数も同じ）であっても、中性子の数が異なる場合がある。このような原子は**同位体**（アイソトープ）と呼ばれる。同位体は陽子の数（電子の数）が等しいので化学的性質は基本的に同じであるが、中性子の数が異なる分だけ異なっ

た質量を持つことになる。

たとえば、一番軽い水素も三つの同位体を持つ。

存在する水素の99.9％以上は原子核に中性子を持たない質量数が1の水素（$^1_1H$と記す）であるが、わずかながら中性子を1個持ち質量数が2の重水素（$^2_1H$あるいはDと記す）と中性子を2個持ち質量数が3の三重水素（$^3_1H$あるいはTと記す）の同位体が存在する。

自然界に存在する元素の中で一番重く、原子力発電の主原料になる92番元素のウランも3種の同位体を持つ。自然界には、中性子を146個持つ普通のウランである$^{238}_{92}U$（"ウラン238"）が99.27％、中性子が143個の$^{235}_{92}U$が0.72％、中性子が142個の$^{234}_{92}U$が0.006％以下の割合で存在する。

## 不安定な原子

中性子が反発力を持つ複数の陽子をうまく束ねているとはいえ、多数の陽子、中性子を持つ"重い元素"になるに従い原子核が大きくなると、陽子間にはたらく核力による引力よりも電気力（クーロン力）による斥力（反発力）の方が大きくなり、原子核の"安定"を保ちにくくなる。そのために、"重い元素"では、陽子間の斥力を減らすためにより多くの中性子が必要になる。しかし、それでも、83個以上の陽子を持つ原子核はすべて不安定であることがわかっている。

このような"不安定な原子核"は、安定化を求め、ある一定の時間を経て、ひとりでに崩壊していく。そのような原子核の崩壊の際には、$\alpha$（アルファ）粒子（2個の陽子と2個の中性子からなる2番元素ヘリウムの原子核）あるいは$\beta$（ベータ）粒子（電子）を放出する。$\alpha$粒子、$\beta$粒子はそれぞれ$\alpha$線、$\beta$線とも呼ばれる。同時に、貫通力の強い$\gamma$（ガンマ）線が出る。この$\gamma$線は波長の短い電磁波である（図4.11参照）。このような現象全体を**放射能**、放射能を持つ物質（元素）を**放射性物質**（元素）と呼ぶ。

$\alpha$線を出すと、原子核から2個の陽子と2個の中性子が失われるので、原子番号が2、質量数が4減った別の原子に変わることになる。$\beta$線（電子）を出す崩壊の場合、質量数に変化はないが、原子核内では中性子が陽子に変わるので原子番号が1増え、一つ上の原子番号の元素に変わる。

たとえば、ウラン238はまず$\alpha$粒子を放出して崩壊し、

$$^{238}_{92}\text{U} \rightarrow \, ^{234}_{90}\text{Th} + \, ^{4}_{2}\text{He}$$

の反応で90番元素のトリウム（Th）に変わる。この後、$\alpha$粒子あるいは$\beta$粒子を放出する崩壊を繰り返し、13段階を経て最後に安定な元素の鉛（$^{206}_{82}\text{Pb}$）になって崩壊を終える。

全体の原子の半分が崩壊してほかの原子に変わってしまうまでの時間は元素の種類ごとに一定であって、それを放射性元素の**半減期**と呼ぶ。半減期の長さは元素によりさまざまで、ウラン238、トリウム232（上記の$^{234}_{90}\text{Th}$は同位体）の半減期はそれぞれおよそ45億年、140億年である。サイクロトロンの中でつくられる人工放射性元素の同位体の中には半減期がわずか数10万分の1秒のものもある。

## 核 分 裂

自然界に存在する放射性元素の原子核の崩壊は、通常はきわめてゆっくり起こるが、中性子を原子核に照射すると崩壊が速められたり、安定な原子核が不安定になったりする。

たとえば、同位体ウラン235に中性子（n）を照射すると、次の反応式で表わされるように92番元素のウランの原子核が分裂し、36番元素のクリプトン（Kr）と56番元素のバリウム（Ba）が生じる。

$$^{235}_{92}\text{U} + \text{n} \rightarrow \, ^{91}_{36}\text{Kr} + \, ^{142}_{56}\text{Ba} + 3\text{n}$$

この核分裂で生じた生成核などの破片の質量の合計は、元のウランの原子核の質量よりも小さくなっており、その質量の差を$\Delta m$とすると、世界一有名なアインシュタインの方程式から導かれる

$$E = \Delta mc^2 \tag{6.17}$$

のエネルギーが放出される。

計算によれば、ここで解放されるエネルギーはウラン原子1個あたり約2億［eV］という量である。この［eV］という単位になじみがないので、このエネルギーがどれくらいの大きさなのか見当がつかないだろうが、代表的な高性能爆薬として知られるTNT（トリニトロトルエン）分子1個の爆発による解放エネルギーが30［eV］程度であることを考えると、ウランの核分裂によって解

放されるエネルギーの大きさがわかるだろう。とにかく、莫大なエネルギー量である。

## 核融合

質量が小さい、つまり、陽子を束ねる中間子の数が少ない原子もあまり安定とはいえない。結局、質量数が60あたりの28番元素のニッケル（Ni）付近の原子が一番安定ということになる。

重い原子の原子核が崩壊する核分裂とは逆に、軽い原子の核が融合合体して、重くて安定した核をつくる反応が**核融合**と呼ばれるものである。水素より重く26番元素の鉄（Fe）よりも軽い元素は、核融合により質量が減少するので、この場合もやはり $E = \Delta mc^2$ に基づくエネルギーが放出されることになる。

これは、太陽などの恒星で起こっている反応で、太陽エネルギーの源泉は、水素の核融合である。2個の水素（$^1_1H$）の原子核（陽子）が融合すると、質量数2の重水素（$^2_1H$）ができる。さらに重水素が融合すると2個の中性子と大量のエネルギーを放出して2番元素のヘリウム（$^4_2He$）となる。この時に放出されるエネルギーは原子1個あたり2670万 ［eV］である。反応に関与する原子1個についていえば、前述のウランの核分裂によって得られるエネルギー2億 ［eV］ よりも少ないが、水素は軽い元素なので、1gあたりのエネルギーで比べれば数倍の大きさになる。基本原料の水素は海水から得られるので原理的に無尽蔵といえ、他の燃料のように枯渇の心配はない。

また、核分裂の場合と異なり、核融合物質は放射能を持たないので、私たちのエネルギー源として考えた場合、安全性の点でも非常に魅力的である。さらに、原料となる重水素は海水から容易に得られるほかに、三重水素は3番元素の比較的安価なリチウム（Li）からつくることができるので、核融合を応用した核融合発電は、理想的かつ究極の"夢の発電法"として期待されている。

しかし、制御しながら核融合反応を行わせるには約1億℃の高温状態をつくり出し、それを持続させることが必要であるが、そのような超高温に耐え得る物理的な容器は存在しない。そこで、さまざま工夫が考えられているものの、核融合発電の実用化までにはこれから先、気が遠くなるような時間と研究と費用が必要と思われる。残念ながら、"夢の発電"の実現は簡単なことではない。

ちなみに"制御できない状態の核融合反応"が最初に実用化されたのが1954年、アメリカが開発した水素爆弾である。

## 6・6 太陽エネルギー

**太陽エネルギーの利用**

　有史以来、人類が利用して来たさまざまなエネルギーについて述べたが、人間が利用しているエネルギーはすべて太陽エネルギーと地球の活動によってつくられた自然エネルギーである。結局、地球上の人類を除くすべての生物はもとより、独自の科学と技術で"さまざまなエネルギー"をつくり出して来たような錯覚に陥りやすいが人間が利用しているエネルギーの源泉をたどれば、太陽エネルギーに行き着くことになる。

　太陽は、およそ $4 \times 10^{10}$ ワット（W）のエネルギーを絶えず宇宙空間へ放出しているといわれる。計算によれば、地球表面の $1 cm^2$ が1分間に受ける太陽エネルギーの量は平均約2カロリー（$2 cal/cm^2 \cdot min$）で、この太陽エネルギーが自然生態系を支える基盤である。

　私たちの"利用の観点"からいえる太陽エネルギーの利点としては
- 資源量が膨大である（あと50億年ほどは持続する）。
- 無料である。
- この上なくクリーンで安全なエネルギーである。
- 化石燃料など他のエネルギーに比べ偏在性が小さい（どこにでもある）。

などが挙げられる。一方、欠点は
- 地域的、時間的変動性が大きく不確定である。
- エネルギー密度が小さい。

などである。

　このような太陽エネルギーは図6.9にまとめられるように、さまざまな形で直接的あるいは間接的に広く利用されている。いまさらいうまでもでもないが、地球上のすべての生物、とりわけ人間は太陽エネルギーなくしては生きられないことが実感できるだろう。

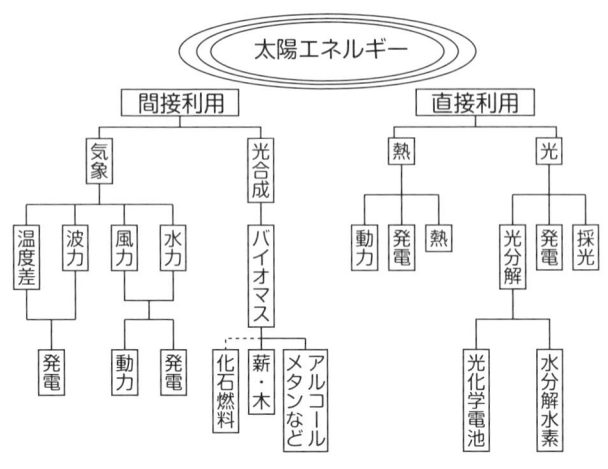

図6.9 太陽エネルギーの利用

## 光エネルギー

　未来志向エネルギーの一つとして期待されている太陽光発電は光エネルギーを電気エネルギーに変換するものである。

　光は私たちにとって、空気や水や電気と同様に身近なものであり、地球上のすべての生物の生命は太陽から届く光に依存している。

　第4章で述べたように、光は"電磁波の一種"の"波"でもあり、"エネルギーの塊"としての"粒"の性質も持っている。光を"エネルギーの塊"と考えた場合、そのエネルギー $E$ の大きさは振動数 $f$ に比例（波長 $\lambda$ に反比例）し

$$E = hf = h\left(\frac{c}{\lambda}\right) \tag{4.1}$$

である。ここで $h$ はプランク定数と呼ばれる定数、$c$ は光速である。

　この式は、光の振動数が大きいほど、あるいは波長が短いほど大きなエネルギーを持つことを意味する。光の色でいえば、青系の色の光ほど大きな、赤系の色の光ほど小さなエネルギーを持っている。"青系の色の光"の端にある紫の光よりも振動数が大きな"紫の外"にある紫外線で肌が日焼けするのは、紫外線が大きなエネルギーを持っており、皮膚のメラニン色素が化学反応を起こすためである。

## 太陽光発電

　太陽光発電は光が持っているエネルギーを電気エネルギー（具体的には電流）に変換するものである。

　図6.3に示した太陽光発電を除くすべての発電方法は、いずれもタービンを回転させ、次章で述べる**電磁誘導作用**によって電気をつくるものであるが、太陽光発電の原理はそれらとは根本的に異なる。ここで大活躍するのが、現代のエレクトロニクス文明の基盤材料である半導体と呼ばれるものである。半導体、太陽光発電の原理を理解するには章末に掲げる参考書3、5などを参照していただきたい。

　光エネルギーを電気エネルギー（直流電流）に変換する装置が一般に**太陽電池**と呼ばれるものである。

　地球に到達する太陽エネルギーは膨大な量であるが、地表の単位面積あたりに換算すると強いものとはいい難い。太陽電池の**変換効率**（入射する光のエネルギーを電気エネルギーに変換する割合）は使用する半導体材料と電池の構造によって異なるが、10％からせいぜい30％なので、$1m^2$の面積で、晴天時でも100～300Wの電力しか得られないことになる。つまり、実用的な数kWの電力を得ようとすると広い面積の太陽電池が必要になる。そこで、単位面積あたりの受光面積をなるべく大きくしようとして、さまざまな表面形状の太陽電池が工夫されている。

　当然、太陽エネルギーの特徴と重複するが、総じて、太陽電池による発電は以下のような利点を持っている。

- 資源量が膨大かつ無料である。
- 完全にクリーンで安全なエネルギー源であり、環境汚染、環境破壊の問題が皆無である。
- 発電の場所を選ばず、太陽光がある限り、どこでも発電できる。
- 太陽光に限らず、電灯などの室内灯でも発電できる。

　これらの利点を活かした、もっとも身近な太陽電池は電卓や時計に使われる総出力1W以下のもので、このような小出力の太陽電池が全体のおよそ半分を占めている。しかし、近年、化石燃料枯渇の心配、原油価格の高騰、2011年3月の福島原子力発電所の大事故以来の「脱原発」の傾向、さらに「$CO_2$→

地球温暖化」説の流布などが追い風となって、大出力の屋外電力用太陽電池への期待が急速に拡がっている。

＜さらに理解を深めるための参考書＞
1. ファインマン、レイトン、サンズ（坪井忠二訳）『ファインマン物理学Ⅰ 力学』（岩波書店、1967）
2. P. G. ヒューエット（小出昭一郎監修）『力と運動』（共立出版、1984）
3. 志村史夫『固体電子論入門』（丸善出版、1998）
4. 志村史夫『したしむ熱力学』（朝倉書店、2000）
5. 志村史夫『したしむ電子物性』（朝倉書店、2002）
6. 志村史夫『環境問題基本のキホン —— 物質とエネルギー』（筑摩書房、2009）

# 電気と磁気
## ～モーターはなぜ回るのか～

第7章

　現代人にとってもっとも身近な、そしてもっとも重要なエネルギーは電気であり、私たちの生活はもはや、電気、さまざまな電気機器なしには成り立たないことは誰もが認めることだろう。電気は電池によっても供給されるが、私たちにとっての主要な電気は発電所での"発電"によって得られるものである。じつは、この"発電"には電気と磁気の相互作用が関係しており、"磁気"（磁石）が決定的に重要な役割を果たしているのであるが、いつも"電気"に感謝している人でも"磁気"を意識することはほとんどない。

　磁石は子供の頃から馴染み深いオモチャである。最近は、家庭や事務所で、色とりどりのキャップがついた磁石（マグネット）がスチール製の壁やキャビネット、冷蔵庫などに書類やメモを張りつけるピン代りに使われている。これらは身近に見られる磁石だが、磁石の応用は、このように、ある種の金属にくっつく性質を利用したものにとどまることなく、現代の日常生活に欠かせない無数の機器、装置、道具に磁石が不可欠の部品として多用されている。

　電気と磁気が身近な存在であるわりには、その物理的実態を理解するのは容易ではないが、本章では、それらの"物理"を垣間見ることにする。

## 7・1 電　気

**電　荷**

　現代人なら誰でも電気に関するある程度の知識を持っている。電気は発電所でつくられ、電線で送られ、変電所を経て家庭あるいは工場まで運ばれるということを小学校の社会科で習って知っている。電気が流れている裸電線に触れると、ビリビリとしびれを感じる、つまり感電する。ゴムの手袋をすれば、裸電線に触れても感電しない。

　このように、私たちは、電気のさまざまな"はたらき"を見たり、感じたりすることはできるのであるが、電気そのものの"実体"を見ることはできない。

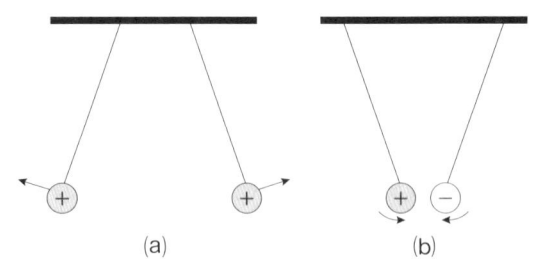

図7.1　電気力、(a) 斥力、(b) 引力

　さて、話が前後するが、"電気"とは何なのだろうか。
　じつは、電気の"実体"を理解するのは容易なことではない。その詳細については章末の参考書1、2などに任せるとして、ここでは、電気の物理的な実体はともかく、電気という現象を引き起こす根源は**電荷**と呼ばれるものであり、電荷には正（陽、プラス、＋）の正電荷と負（陰、マイナス、－）の負電荷の二種類があることを知っておいていただきたい。電荷の種類としては電子（－電荷）、正孔（＋電荷）、陽イオン（＋電荷）、そして陰イオン（－電荷）の4種があるが、これら4種の電荷の根源は何かといえば電子の"過不足"である。"過"ならば－電荷に、"不足"ならば＋電荷になる。つまり、三段論法で簡潔にいえば「電気の根源は電子である」ということになる。
　そして、図7.1に示すように、同種の電荷には互いに反発する斥力がはたらき、異種の電荷には互いに引き合う引力がはたらくことは120ページで述べた。

## 電気力と電気力線

　上述の両電荷間にはたらく斥力あるいは引力は**電気力**という力のためである。この電気力も重力と同じように、何らかの物質を介することなく、物質的な媒質ではない、何か、ある物理量によって変化が生じるような空間である"場"で作用する。
　電気力も重力と同様に、直接見ることはできないが、正電荷（＋Q）の周囲には球の中心を含む断面を示す図7.2のような**電気力線**で表わされる電気力が生じていると考えることができる。正電荷の電気力線は球の中心から外側に放射状に向かう直線とし、負電荷（－Q）の電気力線は外側から球の中心に向か

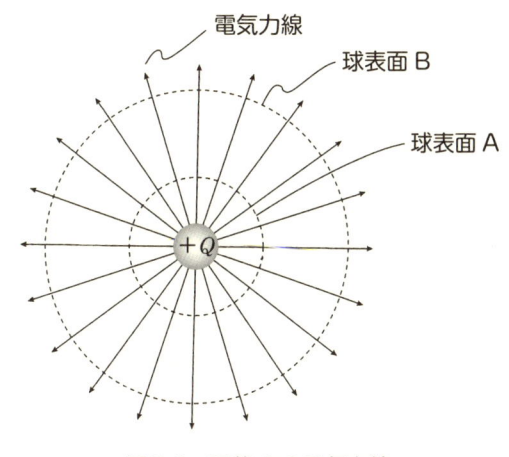

図7.2 電荷 $Q$ の電気力線

う直線とする。電気力の強さは電気力線の数に比例し、いま、$Q$ 本の電気力線があるとする。

半径 $r$ の球の面積は $4\pi r^2$ だから、中心から半径 $r$ の距離の電気力線の面密度は、$\dfrac{Q}{4\pi r^2}$ である。ここで

$$E = \left(\frac{Q}{4\pi r^2}\right)\left(\frac{1}{\varepsilon}\right) \tag{7.1}$$

を電荷から距離 $r$ 離れた点の**電界**と定義する。$\varepsilon$ は**誘電率**と呼ばれ、電荷が存在する空間 ("場") の性質によって決まる定数である。このように、電荷によって何らかの変化が与えられ、その変化を媒介として電気力がはたらく図7.2に示されるような "場" を**電場**と呼ぶ。

図7.1の同種電荷による斥力と異種電荷による引力を電気力線で考えてみよう。たとえば、$+Q$ と $+Q$ の場合、図7.3 (a) のようになる。$-Q$ と $-Q$ の場合は力線の向きが異なるだけで、力線のパターンは同じである。また、$+Q$ と $-Q$ の場合は図7.3 (b) のようになる。

一般的に、$Q_1$ と $Q_2$ の電荷が距離 $d$ の間隔で存在する時、この2電荷間に作用する電気力 $F$ は

$$F = k\left(\frac{Q_1 Q_2}{d^2}\right) \tag{7.2}$$

で与えられる。ここで、正電荷を $+Q$、負電荷を $-Q$ とすれば、同種の電荷間

(a) (b)

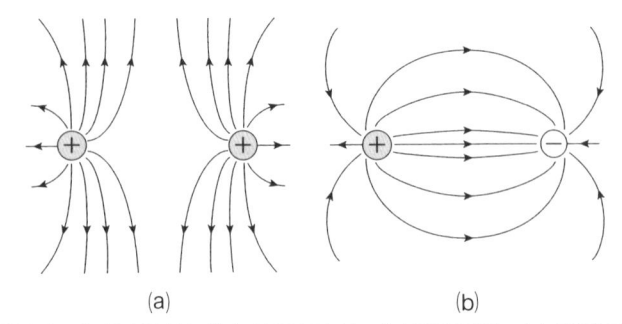

図7.3 2個の電荷に生じる電気力線、(a) 同種電荷、(b) 異種電荷

では $+F$、異種の電荷間では $-F$ となるが、$+F$ を斥力、$-F$ を引力と考えればよい。これは、**クーロンの法則**と呼ばれる。

さて、式 (7.1) で与えられる電界の空間、つまり図7.2に示されるような電場に $Q'$ の電荷を置いたとすると、その電荷 $Q'$ が受ける力 $F$ は

$$\begin{aligned} F &= Q'E \\ &= Q'\left(\frac{Q}{4\pi r^2}\right)\left(\frac{1}{\varepsilon}\right) \\ &= \frac{1}{4\pi\varepsilon}\left(\frac{QQ'}{r^2}\right) \end{aligned} \tag{7.3}$$

となる。

つまり、式 (7.2)、式 (7.3) より、定数 k は

$$k = \frac{1}{4\pi\varepsilon} \tag{7.4}$$

で与えられる。

## 水流と電流

水でも熱でも何でも"高い所"から"低い所"へ移動する(流れる)ことになっている。水位差をつけたタンクAとタンクBの間の水門を開けば水は水路を流れる。水位差がなくなれば、つまりタンクAとタンクBの水面の高さが等しくなれば水流は止まる。この水流の現象は、図6.9の"熱の移動"すなわち熱流の現象とまったく同じである。このような水流を起こす力は水位差が生む水圧である。熱流の場合は温度差だった。

水流は水位差がなくなれば止まってしまうので、水を常に流すためには、図

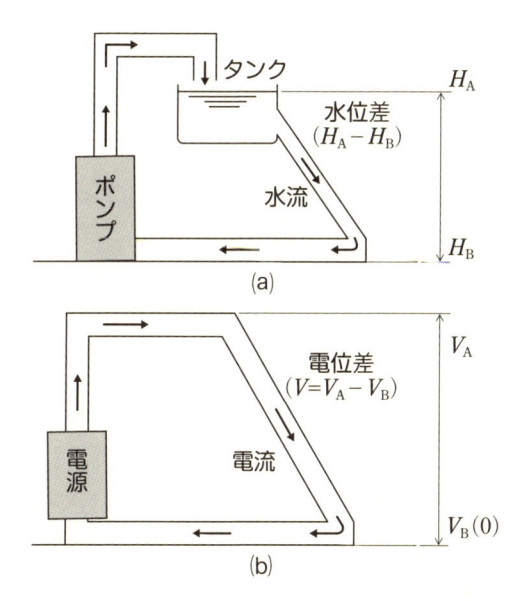

第7章 電気と磁気〜モーターはなぜ回るのか〜　133

**図7.4　ポンプによる水流(a)と電源による電流(b)**

7.4(a)のようにポンプを使って水をタンクに揚げ、水位差($H_A - H_B > 0$)を保てばよい。$H_A$、$H_B$はそれぞれタンクおよび基準の水位を表わす。

電気の流れ（電流）も水の流れ（水流）とまったく同じように考えることができる。

電流を保つためには、図7.4(b)のように電源によって電位差（電圧）$V(= V_A - V_B)$を生じさせればよい。$V_A$、$V_B$はそれぞれ電源および基準の電位である。電圧にはボルト(V)という単位が使われる。水流にあたる電流にはアンペア(A)という単位が使われる。

水位差が大きいほど水圧が大きくなるのと同様に、電位差が大きいほど電圧が大きくなり電流も大きくなる。つまり、電流は電圧に比例する。

図7.4(b)に示される水流の場合も電流の場合も、パイプの"通りにくさ"つまり抵抗が大きいほど流れにくく、小さいほど流れやすくなるのは明らかであろう。電気抵抗を$R$で表わすと、電流($I$)、電圧($V$)との間には

$$I = \frac{V}{R} \tag{7.5}$$

$$V = IR \tag{7.6}$$

$$R = \frac{V}{I} \tag{7.7}$$

の関係があり、これを**オームの法則**と呼ぶ。なお、電気抵抗 $R$ の単位は［Ω］（オーム）が使われる。

ところで、電流すなわち"電気の流れ"とは"電荷の流れ（移動）"のことで、半導体の機能を考える場合には＋電荷である正孔（ホール）も重要なはたらきをするが、当面は－電荷である電子の流れ（移動）と考えていただきたい。

## 電　力

水車を回す水力は水圧が大きいほど、水量が多いほど強くなり、この力は「水圧×水量」で表わされる。電気の力も同様に「電圧×電流」で表わされ、電圧、電流が大きいほど強くなり、この力を**電力**と呼ぶ。電力の単位は W（ワット）である。つまり、「電力（W）＝電圧（V）×電流（A）」で、「1秒間に1Jの仕事をするのが1W」と定義される。「J（ジュール）」というのは120ページの「熱の仕事」の項に登場したが、「物体に1N（ニュートン）という力がはたらいて、力の方向に1mだけ動かす仕事量」が「1J」である。電流、電圧、電力の関係について別のいい方をすると、「1Aの電流が流れる導線上の2点間でなされる仕事量が1Wである時、この2点間に存在する電圧が1V」ということになる。このへんの話はちょっとややこしいので、軽く読み流していただいても構わない。

いずれにしても、水にせよ電気にせよ、「仕事」は一瞬に終わることなく、一定の時間にわたって行われるものである。そこで費やされる**「電力量」**は「電力×時間」となる。一般的に、電力量には「時間」を「1h（時間）」として［kWh（キロワット時）］という単位が使われる。1kWの電気を1時間使った時の電力量が1kWh（キロワット時）である。電力会社に徴集される「電気使用料」は、この使用電力量から計算される。

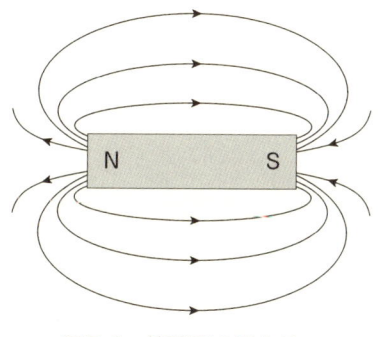

図7.5　棒磁石の磁力線

# 7・2　磁　気

**磁荷と磁力線**

　私たちは磁石についても、それらが"どういうものか"は知っている。磁石の現象の源は**磁気**というものであるが、その磁気とは何か、となると、電気の場合と同じように俄然厄介な問題になるので、その詳細については、巻末に掲げる参考書1～3に任せることにしたい。

　電気と対をなす磁気は上述の電気とほぼ同様に考えることができる。

　電気現象の源が**電荷**であったのに対し、磁気現象の源は**磁荷**である。私たちは小さい頃から、同極（S極同士またはN極同士）の磁石は反発し合い、異極（S極とN極）の磁石は引き合う、という事実を知っている。これも、直接目で見ることはできないが、磁力という力がはたらいている結果である。磁力も磁場という"場"で作用する。

　たとえば、棒磁石の磁力を電気力線と同様の**磁力線**で表わすと図7.5のようになる。電気力線の場合と同様に、磁力線はN極から出てS極に入ると決められている。

**磁気力と磁界**

　磁気力には電気力と同じ法則が成り立つ。図7.2、図7.3の電荷 $Q$ を磁荷 $M$ に置き換えて考えればよい。

大きさが $M$ と $M'$ の磁荷が距離 $d$ の間隔で存在する時、これらの磁荷の間にはたらく力 $F$ は

$$F = \frac{1}{4\pi\mu}\left(\frac{MM'}{d^2}\right) \tag{7.8}$$

で与えられる。式(7.3)とまったく同じ形である。$\mu$ は電気の場合の誘電率 $\varepsilon$ に相当するもので<u>透磁率</u>と呼ばれる磁場特有の定数である。

一般的に、$M_1$ と $M_2$ の磁荷間に作用する磁気力 $F$ は、

$$F = k'\left(\frac{M_1 M_2}{d^2}\right) \tag{7.9}$$

で、この比例定数 $\mu$ は式(7.8)から

$$k' = \frac{1}{4\pi\mu} \tag{7.10}$$

となる。

磁気の場合も、電気の場合の式(7.1)のように

$$H = \frac{M}{4\pi d^2}\left(\frac{1}{\mu}\right) \tag{7.11}$$

が得られる。式(7.1)が、電荷 $Q$ がつくる電界 $E$ を意味したのに対し、式(7.11)は、磁荷 $M$ がつくる磁界 $H$ を意味する。つまり、<u>磁荷</u>と<u>電荷</u>、<u>磁界</u>と<u>電界</u>、<u>透磁率</u>と<u>誘電率</u>がそれぞれ対応しており、電気と磁気はまったく対等な現象とみなすことができるのである。

## 7・3 電気と磁気の相互作用

**電磁誘導作用**

いま、電気と磁気はまったく対等な現象とみなすことができると述べたのであるが、電気と磁気は互いに作用を及ぼし合う<u>電磁相互作用</u>を持つ。この画期的な大発見は1820年から1831年にかけて為された。

最初の大発見は、デンマークのエルステッド(1777–1851)が示した「運動する電荷、つまり電流は磁場を作り出す」という実験事実である。それまで、電気と磁気は別々に研究され、それらが相互に関連することは誰によっても示されていなかった。

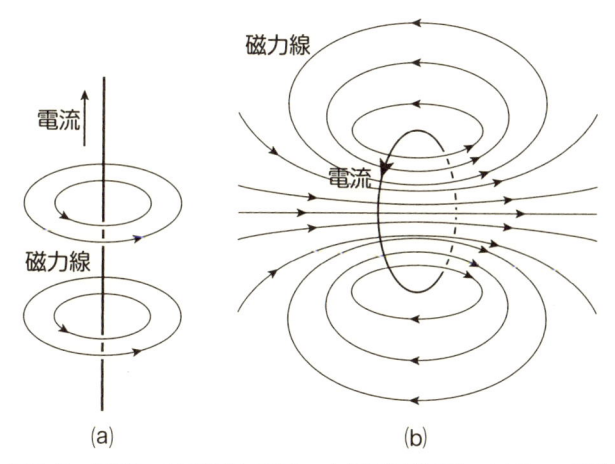

**図7.6** 電流による磁場の発生、(a)直線状電流、(b)ループ状電流

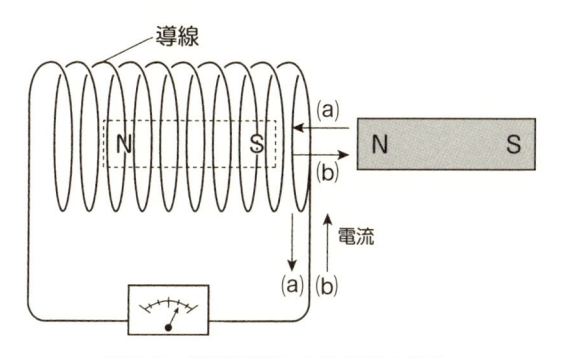

**図7.7** 電磁誘導による電流の発生

　具体的には、図7.6(a)に示すように、直線状の電流の場合は同心円状の磁力線で表わされる磁場が生じ、ループ状電流の場合は(a)で導線を取り巻いていた磁力線はループの内側で図7.6(b)に示すような束状の磁束になる。いずれの場合も、電流の向きを変えれば磁力線の向きも変わる。この実験事実から、磁気の変化の原因が電流であることを発見したのはフランスのアンペール(1775-1836)だった。

　次の大発見は、イギリスのファラデイ(1791-1867)による「磁荷の運動による電流の発生」である。つまり、エルステッドが発見した「電荷の運動による磁場の発生」の逆の現象である。

具体的には、図7.7に示すように、コイル状の導線の中に磁石を出し入れすると（つまり、コイルの中で磁荷を運動させることである）、コイルに電流が生じる。この現象は**電磁誘導作用**と呼ばれるが、電磁誘導は導体と磁場の相対運動だけによって決まる。したがって、図7.7で磁石を動かす代りにコイルを動かしても同じことである。電磁誘導によって生じる電流の向きは、図中(a)の磁石が挿入される場合と(b)の引き出される場合では逆になる。コイル内の磁場の変化に逆らう、つまり、コイル内の磁場の変化を打ち消すような磁場が発生する向きの電流が生じるのである。図7.5と図7.6をよく見比べて、自分自身で、電磁誘導によって生じる電流の向きを確認していただきたい。

## マクスウェルの電磁方程式

ここで、もう一度、図7.2、図7.3、図7.5〜図7.7を見ていただきたい。電気と磁気の諸現象を簡潔に「4項目」にまとめると

1) 電気力線（電場 $E$）は密度 $\rho$ の電荷（正電荷、負電荷）から湧き出て（発散して）、その形状はウニか栗のイガのような放射状である。
2) 回転する（渦状の）電場 $E$ は時間変化する磁場 $B$ からつくられる。
3) 磁場 $B$ は始点も終点もない閉じたループ状であり、"湧き出し"（発散）はゼロである。
4) 回転する（渦状の）磁場 $B$ は電流 $I$ と時間変化する電場 $E$ からつくられる。

となる。

これら4項目を数式で表わしたのが以下のマクスウェルの4つの**電磁方程式**である。

1) （ベクトル微分演算子）（電場（ベクトル量））（電荷密度）
$$\nabla \cdot E = \frac{\rho}{\varepsilon_0} \tag{7.16}$$
スカラー積はナブラ演算子を"発散"に変える　　真空の誘導率

2)
$$\nabla \times E = -\frac{\partial B}{\partial t} \tag{7.17}$$
ベクトル積はナブラ演算子を"回転"に変える　　磁場の時間的変化（偏微分）

第7章　電気と磁気〜モーターはなぜ回るのか〜　139

3) $\quad \nabla \times B = 0 \quad$ （磁場（ベクトル量）） (7.18)

4) $\quad \nabla \times B = \mu_0 \left( I + \varepsilon_0 \dfrac{\partial E}{\partial t} \right)$ (7.19)

（$I$：電流密度（ベクトル量），$\mu_0$：真空の透磁率，$\dfrac{\partial E}{\partial t}$：電場の時間的変化）

　これらの式の数学的理解、導出の詳細については章末に掲げる参考図書2、3などを参照していただきたいが、ここでは、4つの電磁方程式の詳細は理解できなくても、図7.2、図7.3、図7.5〜図7.7で一端が表わされる電気と磁気の複雑な諸現象が簡潔に4つの「数式」で表現されることに感動していただければ十分である。

## 発電とモーター

　電気をつくり出すのが発電であるが、一般に、電気を発生させるには
(1) 電磁誘導作用の原理を応用（発電所における発電、自転車ライト用発電機など）
(2) 化学物質の化学反応で生じるイオンを利用（乾電池、蓄電池など）
(3) 太陽などの光エネルギーを直接変換（太陽電池）
の方法がある。

　人類をはじめ、多くの動物は、さまざまな活動をしながら生きているが、このような活動のエネルギー源は微弱電流を生む電気現象である。つまり、動物の肉体は一種の発電機であり、それは上の(2)の方法に基づいている。(3)は近年脚光を浴びている太陽光発電である。

　私たちの日常生活に身近な、発電所で"発電"される(1)について説明する。じつは、私たちにとって、電気がきわめて身近なものであり、日常生活に不可欠のものであるにしては、発電の仕組みは意外に知られていない。

　発電の基本原理はファラデイが発見した電磁誘導作用である。この電磁誘導作用とは簡潔にいえば、図7.7のように、「コイル状の導線の中で磁石を運動

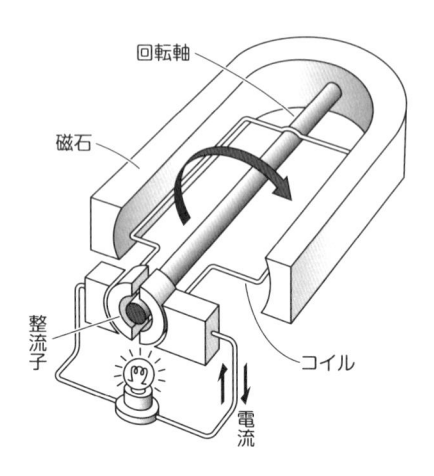

図7.8 発電の原理

させると導線に電流が生じる」ということである。この電磁誘導作用は、導線と磁石の相対的な運動だけで決まるので、図7.7で磁石を動かす代わりにコイルを動かしても同じことである。磁石とコイルが相対的に近づく(a)の場合は(a)方向の電流が生じ、逆に相対的に遠ざかる(b)の場合は(b)方向の電流が生じる。つまり、磁石とコイルの相対的な往復運動が繰り返されることによって、逆向きの電流が連続的に生じることになる。このような電流が**交流**と呼ばれるものである。交流に対し、乾電池で得られるような電流は一方向のみに流れる**直流**と呼ばれる。

　図7.8のように、磁石(磁場)の中でコイルを回転させることは、図7.7の"磁石とコイルの相対的往復運動"と実質的に同じことであり、これが、実際の発電の仕組みである。発電所で実際にコイルを回転させるのはタービンである。タービンには、動翼列がついており、この動翼列に、たとえば水や蒸気などの流体をあてることによって回転運動が生まれる。つまり、図7.8の磁石の中でコイルを回転させるのがタービンで、タービンは流体の運動エネルギーを回転運動に変換し、その回転運動を電気エネルギーに変換する橋渡しをするわけである。

　そのタービンを回転させる動力源によって、太陽光発電以外の発電が風力、

火力、原子力、水力発電などと呼ばれるのである（図6.3）。たとえば、水力、風力発電の場合、水あるいは風（空気）という流体が生む力学的エネルギーが直接タービンを回転させるが、火力発電と原子力発電はそれぞれのエネルギーをまず熱エネルギーに変換し、その熱エネルギーで得た蒸気（流体）でタービンを回転させるのである。また、自転車のライトの電源として使われている発電機の中のコイルの回転は自転車のタイヤの側壁と回転軸の摩擦によって得られる仕組みになっている。

ところで、図7.8を見るとあることに気づかないだろうか。

つまり、磁石（磁場）の中でコイルを回転させればコイルに電気が流れるということは、その逆に、磁石（磁場）の中に置いたコイルに電気を流せば、そのコイルは回転することになる。これは、モーターの原理にほかならない。

現在、電気はもとより、モーターがない生活というのはまったく考えられない。動力として使われるモーター以外はあまり目に触れることはないが、現在、さまざまな機器の中で、無数の小型モーターが使われている。現代の「文明生活」を支える発電やモーターの重要性を考えると、ファラデイの電磁誘導作用の発見は、まさに"世紀の大発見"だった。ファラデイは、このほかにも、超ノーベル賞級の仕事をいくつも遺しているが、残念ながら、ファラデイの時代にノーベル賞はなかった。このことは、ファラデイの仕事がいかに先駆的であったか、を示すものでもある。

＜さらに理解を深めるための参考書＞

1. ファインマン、レイトン、サンズ（宮島龍興訳）『ファインマン物理学Ⅲ 電磁気学』（岩波書店、1969）
2. 小林久理真（志村史夫監修）『したしむ電磁気』（朝倉書店、1998）
3. 小林久理真（志村史夫監修）『したしむ磁性』（朝倉書店、1999）
4. 志村史夫、小林久理真『したしむ物理数学』（朝倉書店、2003）

# 古典物理学と現代物理学
## ～ニュートンとアインシュタイン～

第**8**章

　私たちの肉眼に見える可視光はすべての電磁波の中でほんの一部に過ぎないことを第4章で述べた。また、私たちの肉眼の"視力"にも限界がある。つまり、物理的事実として、私たちに見えない世界があるが、人間はいままでさまざまな科学と技術を駆使し、人間の視力の限界を補って来た。その結果、私たちの自然界に関する知識、つまり、大きい方は宇宙、小さい方は究極の素粒子までの知識が飛躍的に拡大したのである。

　しかし、さまざまな新発見に基づくこれらの知識は単なる拡張、拡大ではなく、私たちの「自然観」に革命をもたらすものでもあった。

　私たちは、物理学をはじめとするさまざまな自然科学を学ぶが、それは、究極のところ、「自然」の観察を通して、懐疑する精神と、「自然」の不思議さに驚嘆する心を養うことだろうと私は思う。そして、「自然観」を確立し、「自分」とは何かを考え、それを、各自の人生に活かすことだろうと思う。

　本書の締めくくりとして、私たちをとりまく自然界をあらためて概観し、「自然観」について考えてみたい。

## 8・1　マクロ世界とミクロ世界

**自然界の大きさ**

　普段意識することはないだろうが、私たちは素粒子の極微の世界から宇宙の極大の世界の中で生きている。その両極の間の自然界にはさまざまな大きさの物が存在するが、それらが"大きい"か"小さい"かは相対的なものである。自然界のさまざまな物の大きさを線上に並べて比較したのが6ページの図1.1であった。

　私たちの周囲にも自然界にも図1.1に示すようなさまざまな大きさの物があるが、物理の世界では一般に、原子の大きさ程度以下の世界を微視的（ミクロスコピック）世界、略して**ミクロ世界**と呼ぶ。一方、私たちの日常的な感覚に

合致する"普通の大きさ"の世界から宇宙規模の巨大な世界までを巨視的（マクロスコピック）世界、略して**マクロ世界**と呼ぶ。これらの中間の世界はメゾスコピック世界と呼ばれるが、それぞれの境界は必ずしも明確ではない。

いずれにせよ、自然界はミクロ世界からマクロ世界まで互いに密接な関係を保ちながら連続的につながっているのである。

### 古典物理学と量子物理学

20世紀に入り、観測技術の進歩にともなって原子や電子などミクロ世界の研究が盛んになると、従来の物理学ではどうしても説明できない問題が続出した。この新しい問題（難題！）を説明するために考え出されたのが、プランク（1858-1947）の量子論を端緒とする**量子物理学**と呼ばれる新しい物理学である。

新しい量子物理学に対比されるのが、それ以前に確立されていたニュートン力学やマクスウェルの電磁気学などを基盤とする**古典物理学**である。もちろん、物理学に"古典"が冠せられるようになったのは量子物理学が誕生してからのことである。

古典物理学も量子物理学も同じ自然を扱うのであるから、当然のことながら、その両者の間に不連続はない。たとえば、私たちの身体自体、マクロ世界の存在であるが、その身体はミクロ世界に属する原子、素粒子で形成されているのであるから、ミクロ世界の"素材"とマクロ世界の"身体"との間に"不連続"があったら、私たちは自分自身のことも、自然のことも、わけがわからなくなってしまう。

マクロ世界の現象を説明するのが古典物理学であり、ミクロ世界の現象を説明するのが量子物理学である。その両者間に矛盾はない。古典物理学は量子物理学に包含されるのである。つまり、古典物理学でミクロ世界の現象を説明することはできないが、量子物理学はマクロ世界の現象をも説明できる。

### ミクロ世界の「非常識」

すべての物質が原子によって形成されていることは第5章で述べた通りである。90ページに記したように、その原子は、元素によって異なるが、100億分

の1m（$10^{-10}$m）という想像を絶する小ささである。次に、物質にはこの原子がどれくらいの密度で詰っているものなのかを考えてみよう。

密度を計算するには、原子が三次元的に規則正しく配列している単結晶（図5.9（a）参照）の場合を考えるのがよい。

たとえば、今日のエレクトロニクスの代表的基盤材料であるシリコン単結晶の原子密度をシリコン原子の原子半径、原子間距離、結晶構造（図5.10（a）参照）から求めると

$$50000000000000000000000 = 5 \times 10^{22} \text{個}/\text{cm}^3$$

になる。つまり、1辺が1cmの立方体の中にこれだけの数の原子が詰っている。まさに、想像を絶するほどの数である。

さらに、1個のシリコン原子は14個の電子を持っているので、シリコン原子の電子密度は

$$700000000000000000000000 = 7 \times 10^{23} \text{個}/\text{cm}^3$$

になる。想像すらできない数である。

いま、くどくどと数字を並べたのは、ミクロ世界が私たちの日常的感覚からいかに離れたものであるかを実感していただきたかったからである。

実際、ミクロ世界では、私たちの「常識」や日常的な感覚からは理解できない、具体的には、私たちが慣れ親しんで来たマクロ世界の古典物理学では説明できないさまざまな現象が登場する。たとえば、

・自然界のエネルギーは連続しておらず、とびとびの値しかとれない。
・光、電子、素粒子は波でもあり粒子でもある。
・すべての物質は（私たちの身体も！）波の性質を持っている。
・物体の存在は確率でしか予測できない（いつ、どこにあるか、いるか、ということは明言できない！）。
・互いに矛盾する状態、たとえば"生きている状態"と"死んでいる状態"とが共存する。

などなどである。私たちの「常識」では簡単に受け入れられないことばかりだが、これらはいずれも科学的実験によって確認されているのである。

何度も述べるように、量子物理学が扱うミクロ世界は、マクロ世界を基準にすれば想像を絶する極微の世界である。そう考えると、ミクロ世界で起こる現

象が、マクロ世界における現象と比べ、はなはだ異常であっても、それは当然ではないか。不可思議な世界で不可思議なことが起こるのは、すこしも不思議なことではないのではないか。私たちの「常識」を基準にするから、それらが「非常識」に思えるだけである。「常識」は必ずしも真理ではない。逆に、ミクロ世界の「常識」から考えれば、マクロ世界の現象はすべて「非常識」なはずである。

## ミクロ世界とマクロ世界とのつながり

　ミクロ世界の諸現象、量子物理学の世界が私たちの日常的感覚と合致しないのは、私たちの身体も私たちが日常的に接する物体も、私たちに見える物体もすべてマクロ的挙動を示すマクロ世界のものだからである。

　しかし、図5.1で説明したように、すべての物体を構成するのは原子であり、その原子はミクロ世界の粒子によって構成されている。つまり、マクロ世界はミクロ世界の集積によって形成されているのである。だとすれば、その両世界間に不連続性が存在することはあり得ないし、現に、ないのである。

　図8.1(a)は量子物理学の端緒を開いたプランクの肖像白黒写真である。(a)のプランクの右目あたりを順次拡大したのが(b)、(c)である。(a)は中間色(灰色)を含む見事な"写真"であるが、その"写真"を形成しているのは、中間色を持たない黒点にすぎないことがわかるだろう。(a)の写真がマクロ世界のものだとすれば、(c)の黒点はミクロ世界のものと考えられる。つまり、ミクロの黒点がマクロの写真を形成しているのである。いわば、白黒写真は白か黒

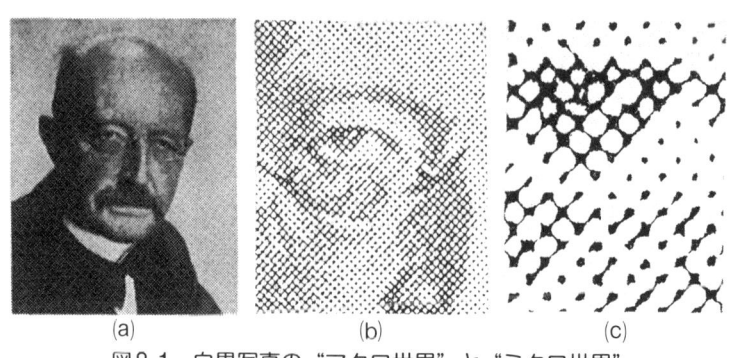

図8.1　白黒写真の"マクロ世界"と"ミクロ世界"

か、二進法でいえば0か1かで形成されているのである。黒点と写真との間には、なんら不連続性は存在しない。

現在までにおよそ100種類の元素が発見されており、それらの組み合わせで、無数の種類の物質が存在している。しかし、それらの"素材"である電子、クオークなどの素粒子はすべての物質に共通であり、まったく同じものである。たとえば、水素用の電子とかシリコン用の電子というように特別の電子があるわけではない。電子は宇宙全体において共通であり、すべて同じものであり、まったく区別はつかないのである。このことはちょうど、まったく同じ黒点が、その組み合わせ、集合の仕方の違いによって、無数の像（白黒写真）を形成するのと同じである。カラー写真やカラーテレビの場合も、"黒点"が"三原色の点"に替わるだけで、現象としてはまったく同じである。

私たちは、普段、印刷物の写真（マクロ構造）を見る時、それらを形成している"点"（ミクロ構造）のことを意識しないし、水（マクロ構造）を使う時、それを構成する原子（ミクロ構造）のことを意識しないが、それらはすべて一連、一体のものである。マクロ構造は、ひとたびそれが形成されてしまうと、もはや、それを構成している原子、素粒子のミクロ構造のミクロ的性質を現わすことなく、マクロ構造をつくり上げた外的な力、あるいは総体としてのマクロ的性質を示すようになるのである。そのマクロ的性質の法則を体系化したのが古典物理学であり、ミクロ的性質を体系化するのが量子物理学である。

マクロ世界がミクロ世界の集積で成るならば、古典物理学がミクロ世界を説明できなくてもよいが、量子物理学はマクロ世界を説明できなければならない。つまり、図8.1(a)のような写真を見て、その説明が黒点にまで及ばなくてもよいが、(c)の黒点は(a)の写真を説明できなければならない。事実、古典物理学と量子物理学との関係はそのようなものである。

次節で量子物理学の世界を垣間見ることにしよう。

## 8・2 量子物理学の世界

**エネルギーの連続性と非連続性**

エネルギーに限らず物事を連続的に考えることは古典物理学の大前提であ

る。にもかかわらず、先ほど「自然界のエネルギーは連続しておらず、とびとびの値しかとれない」と述べたのであるが、じつは、このことが量子物理学の"量子"の由縁である。

　連続的エネルギーと非連続的(とびとびの)エネルギーを図示すれば、図8.2のようになる。図の縦軸はゼロ(0)から無限大(∞)までのエネルギーの大きさを示している。横軸には特別の意味はない。(a)は古典物理学の連続的エネルギーで、0から途切れることなく∞までどのような値のエネルギーをとることも可能である。このことは、私たち自身の日常的経験から、当然のこととして理解できる。エネルギーの値に"途切れ"があるということは、そこではエネルギーが"ない"という状態になってしまうことであり、このようなことは私たちの常識では考えにくい。

　ところが、ミクロ世界の粒子が有するエネルギーは図8.2(b)のように、とびとびの非連続的値をとるのである。そして、その"とびとび"のエネルギーの間隔は$h\nu$であることがわかっている。この$h$は71ページに登場したプランク定数であり、$\nu$は波動性を持つ粒子(後述)の振動数を意味する(この辺の詳細な議論は章末に掲げる参考書2などを参照していただきたい)。つまり、ミクロ世界では、エネルギーの授受が、この$h\nu$という"エネルギーの塊"を単位として行なわれる。そして、このような"エネルギーの塊"を**量子**と呼んだのである。これが「量子物理学」、「量子論」の原点である。

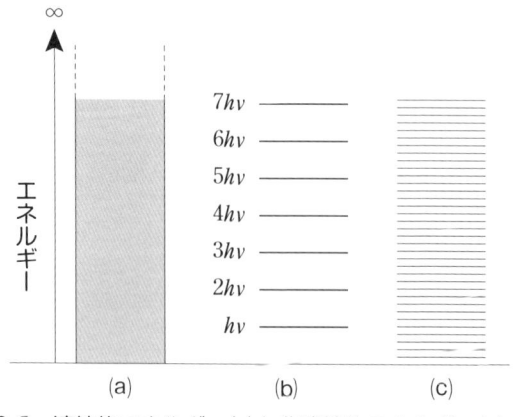

図8.2　連続的エネルギー(a)と非連続的エネルギー(b)、(c)

第8章 古典物理学と現代物理学〜ニュートンとアインシュタイン〜　149

　図8.2(b)の$h$の値を小さくしていけば、図8.2(c)に示すように、エネルギーのとびとびの間隔が次第に狭くなり、$h$が限りなく0に近づけば、エネルギーの非連続性はほとんど無視できるようになり、実質的に連続的エネルギーとみなせるだろう。また、図8.2(c)を私のような強度の近視・乱視の者が裸眼で見れば、(a)との区別がつかない。つまり、$h\nu$の間隔が無視できるほどの尺度で考えれば(じつは、そのような世界がマクロ世界なのである)、量子物理学と古典物理学とが合体する。
　量子物理学の真髄はエネルギーをとびとびの"塊(量子)"として扱うことである。このような"とびとびの値をとること"を"量子化されている"という。量子化の概念を図8.3で確認しておこう。
　ボールが持つエネルギー$E$(位置エネルギー)を考える。ボールは高い位置にある時ほど大きなエネルギーを持つ。図8.3(a)はマクロ世界で、ボールはスロープ上を移動し、$0 \leq E \leq E_{max}$のいかなるエネルギーも連続的に持つことができる。
　一方、図8.3(b)はミクロ世界で、ボールは$h\nu$の高さのステップから成る階段上を移動する。ボールはステップ以外の場所には留まれないから、ボールが持つエネルギーは$0 \leq E \leq E_{max}$の範囲で$h\nu$の整数倍$nh\nu$に限られる。つまり、ボールが持つエネルギーは量子化されている。ボールの大きさがステップの高さ$h\nu$を無視できるほど大きければ(つまり、マクロ世界のことである)、(b)の階段は実質的に(a)のスロープと同じものになる。すなわち、量子物理学のミクロ世界から古典物理学のマクロ世界に入ることになる。

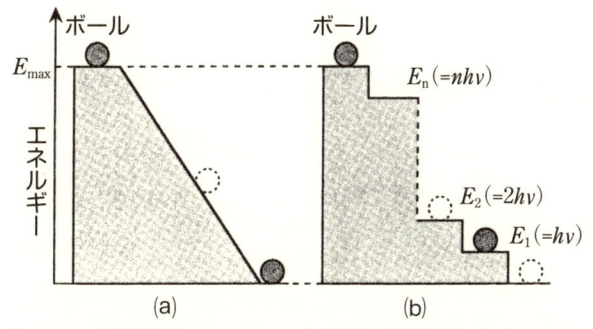

図8.3　連続的エネルギー(a)と量子化されたエネルギー(b)

## 不確定性原理

　私たちの日常生活圏から宇宙までも含むマクロ世界では、物体の位置と運動は100％正確に予測できる。古典物理学の世界では、物体の位置と運動量は、初期条件さえ与えれば確定する。月に人間を送って地球に生還させたり、スペースシャトルを打ち上げたり、宇宙ステーションを建設できたりするのは。まさに古典物理学の"勝利の証"である。もし、物体の位置と運動量に不確定性が入るとすれば、それは人間の観測技術、観測操作が不十分、不適切なためである。また、観測という行為が観測対象に与える影響は無視できる。

　たとえば、暗闇の中の時計を懐中電灯の光で観察する場合、時計ははっきりと見えるだろう。懐中電灯の光で時計が動かされるようなことはないし、時計の存在状態が攪乱されるようなことはない。これは、懐中電灯の光のエネルギーが時計の質量に比べて無視できるほど小さいからである。

　ところが、観察対象がミクロ世界の粒子の場合は事情が異なる。

　図8.4(a)に示すように、光のエネルギーが粒子の質量に比べて無視できないほど大きいとすれば、光を照射された粒子は、その光に押されて動いてしまう（物理学的にいえば、加速度を得る）。つまり、粒子の運動量$P$(114ページ参照)が変化してしまう。光が照射される前後、つまり観察の前後の運動量の差を$\Delta P$とすれば、$\Delta P \neq 0$である。このことは、観察という行為が粒子の状態を変えてしまうということ、つまり正しい観察が行なわれないことを意味する。正しい観察のためには、$\Delta P = 0$でなければならない。

　そこで、粒子が動かない$\Delta P = 0$となるように、電灯の明るさを弱く、つまり粒子に照射する光のエネルギーを小さくしなければならないが、そうすると今度は暗くて粒子の位置がよくわからなくなってしまう。つまり、図8.4(b)に示すように、粒子の位置$x$を正確に知ることが困難になる。この"位置の不

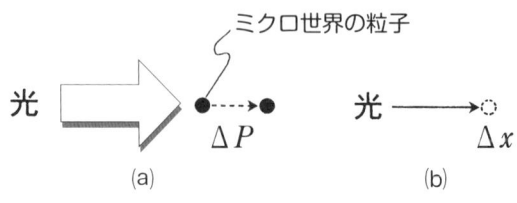

図8.4　ミクロ世界の粒子の観察

正確さ"を $\Delta x$ とすれば、$\Delta x \neq 0$ である。この場合も正しい観察（$\Delta x = 0$）ができないのである。

粒子の位置 $x$ を正確に知るためには照射する光のエネルギーを大きくしなければならないが、そうすると $\Delta P$ が大きくなってしまう。しかし、$\Delta P$ を小さくしようとすれば $\Delta x$ が大きくなってしまう。

すなわち、$\Delta x$ と $\Delta P$ との関係は、ある定数 $U$ を用いて

$$\Delta x \cdot \Delta P \geq U \tag{8.1}$$

と表わすことができる。この $U$ を**不確定性定数**と呼ぶことにしよう、なお、"$U$" は "uncertainty（不確定性）" の頭文字で、この $U$ が先述のプランク定数 $h$ に関係する値を持つことがわかっている。

いま述べたミクロ世界の不確定性は人為的なものではなく原理的なものであることを理解していただきたい。これを**不確定性原理**という。

## 電 子 雲

原子の構造について、90ページで「原子は中心に位置する原子核と、その周囲の軌道を回る電子で構成されている」と述べ、一例としてシリコン原子の構造を図5.2に示した。これを古典物理学的原子モデルと呼んだ。

いま、あらためて、水素原子の1個の電子の軌道を図8.5(a)に示す。電子は半径 $r$ の円周上のどこかに100％存在するので"線状の電子軌道"が描かれる。しかし、ミクロ世界の不確定性原理に基づけば、電子の軌道をはっきりした"線"で表わすことはできず、図8.5(b)に示すような、雲のような形の空間的な確率の中（電子雲と呼ぶ）のどこかに存在する、と表現せざるを得ない。

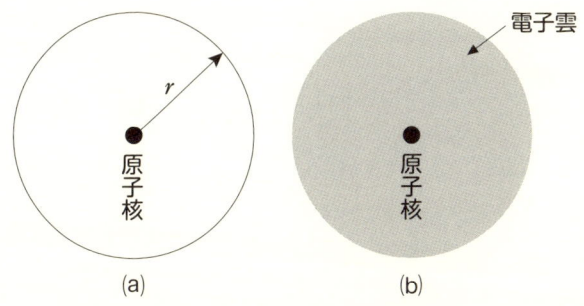

**図8.5** 水素原子の電子の存在位置、(a)古典物理学、(b)量子物理学

しかし、電子の存在確率はデタラメというわけではなく、電子がもっとも高い確率で存在しそうな位置は理論的計算（詳細については章末に掲げる参考書2などを参照していただきたい）によって求められる半径 $r$ の近辺ということになる。したがって、図8.5(b)は現実的に存在確率の大きさを"濃さ"で表わし、図8.6のように描かれる。

なお、電子雲は三次元的に拡がるので、図8.5(b)と図8.6はボールの皮のような電子雲の中心を含む断面を表わしている。

**図8.6　水素原子の電子の量子物理学的存在分布**

## ミクロ粒子の二重性

物理学が扱う運動の代表的なものは、粒子（物質）と波動（現象）である。

一般的に、物体（粒子）の存在は局在的である。つまり、ある物体（粒子）が、ある時刻に、ある場所に存在したら、その物体が同時に他の場所には存在できないのである。私たち自身の肉体のことを考えてみても、この物体（粒子）の局在性は当然のことである。

一方の波動は対照的である。たとえば、ある音源から発する音（波動の一種である）が同時に聞こえるのは一カ所に限られるものではない。波動は局在しないのである。つまり、一般的にいえば、粒子と波動とは根本的に異なるものである。ところが、71ページで述べたように、光（光子）は「波動性と粒子性をあわせ持つモノ」である。これを**光の二重性**というが、このような二重性を示すのは、光子に限らず、ミクロ世界の粒子の一般的特徴である。

光子が持つ波動性については、図4.3に示した**干渉縞**によって見事に証明されたのであるが、粒子の1個1個が波動性を持つものだろうか。考えにくいことである。

ミクロ粒子である光子、電子について、じつに興味深い実験が行なわれている。

図4.2に示したダブルスリットの実験で、図8.7に示すように(a)→(b)→(c)

第8章 古典物理学と現代物理学〜ニュートンとアインシュタイン〜　153

→(d)とミクロ粒子の数を少なくしていくと、干渉縞が消えて、つまり波動性が消えて、粒子性（局在性）が現われて来るのである。光子による実際の実験結果を図8.8に示す。これらの図を(d)→(c)→(b)→(a)と逆にたどれば、1個1個のミクロ粒子は波動性を示さないが、ある量以上の集団になると波動性を現わす、ということになる。つまり、図4.3、図8.7(a)、図8.8(a)に顕著に示されるミクロ粒子の波動性（干渉縞）は、いわば"集団効果"であり、ミクロ

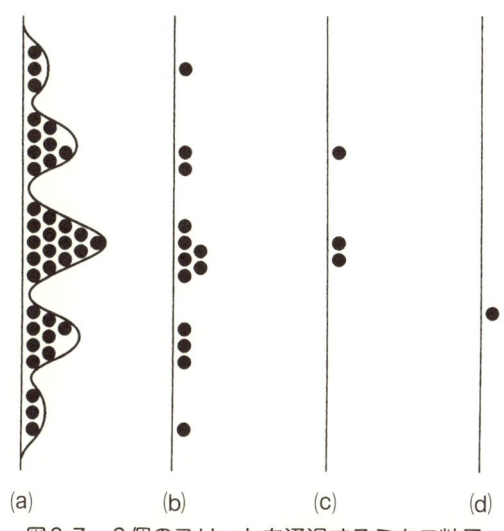

図8.7　2個のスリットを通過するミクロ粒子

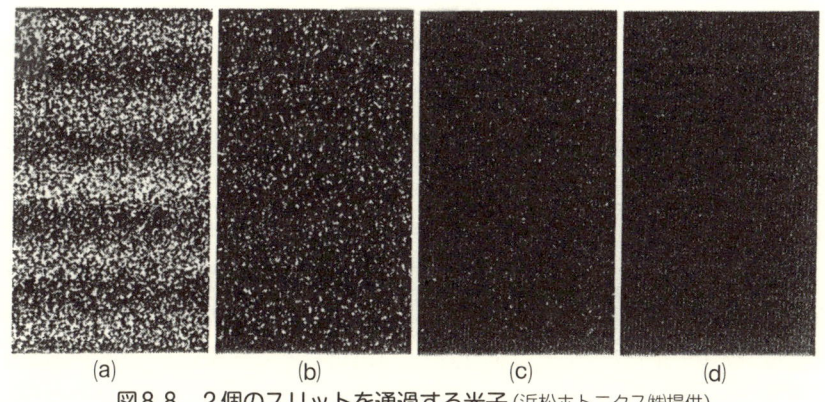

図8.8　2個のスリットを通過する光子（浜松ホトニクス㈱提供）

粒子そのものの属性ではないことになる。たしかに、たとえば、空気中を伝搬する音波という波動は空気分子の集団運動の現象であって、1個1個の空気分子の属性ではない。ミクロ粒子の波動性も、このようなものなのだろうか。当然の疑問である。

しかし、図8.7(a)、図8.8(a)に示されるような干渉縞は、1個のミクロ粒子を繰り返し、多数回照射した場合にも現われることが実験的に確かめられている。各回の1個の粒子照射は完全に独立したものなので集団効果とは無関係である。つまり、ミクロ粒子の波動性は集団効果による現象ではなく、1個1個のミクロ粒子が波動性を持っているための現象なのである。

以上の事実から、ミクロ粒子が粒子性（個々の痕跡が局在性を示している）と波動性（干渉縞が絶対的な証拠である）を同時に持っていることは明らかである。

ここで"波動性"について注意しておきたい。1個のミクロ粒子がいきなり干渉縞をつくるわけではない。干渉縞の原理を考えれば、そのようなことは不可能である。もちろん、1個のミクロ粒子の飛跡が波状になっているわけでもない。1個のミクロ粒子がスクリーン上のある1点にしか到達しない（図8.7(d)）、つまり局在性を示す点において、ミクロ粒子は厳然たる物質である。そのような1個1個のミクロ粒子の粒子性を重ね合わせた時に波動性が現われるのである。このへんの話はいささかわかりにくいだろうと思われる。

### 物 質 波

いままで何度も述べたように、私たちの肉体を含むすべての物質、物体を形成するのは究極的にはミクロ粒子である。そのミクロ粒子が波動性を持つということは、その集合体である私たちの肉体や野球のボールも波動性を持つのだろうか。

その答は「その通り」である。

マクロ世界のどのような物体であれ、その波動性はゼロではない。エネルギー $E$、質量 $m$ の粒子は

$$\nu = \frac{E}{h} \tag{8.2}$$

で与えられる振動数 $\nu$ と

$$\lambda = \frac{h}{mv} \tag{8.3}$$

で与えられる波長 $\lambda$ を持つ波動とみなされる。このような波動性は運動量 $P(=mv)$ を持つすべての粒子(物体)にともなわれると考え、これを一般に**物質波（ド・ブロイ波）**と呼ぶ。

しかし、式 (8.3) から算出されるマクロ世界の物体の波長の値は限りなくゼロに近くなる。たとえば、時速 4km で歩く体重 100kg の人の波動性を示す波長はおよそ $7 \times 10^{-35}$ m になる。上式の $m$ と $v$ がきわめて小さいためにプランク定数 $h (= 6.626 \times 10^{-34}$ [Js]$)$ の効果が大きくなるミクロ粒子において、その波動性が顕著になるのである。

## 8・3 自然観革命

**古典物理学から現代物理学へ**

20世紀に入り、それ以前のニュートン力学やマクスウェルの電磁気学などを基礎とする古典物理学に対比される量子物理学が誕生した。また、アインシュタインの時間・空間についての革命的理論である**特殊相対性理論**、重力についての革命的理論である**一般相対性理論**、さらに**エネルギー・質量等価理論** ($E = mc^2$)、総じて**相対性理論**も20世紀に誕生した"新しい物理学"である。このような量子物理学と相対性理論を併せて**現代物理学**と呼ぶことにする。広義の現代物理学には素粒子論、宇宙物理も含まれる。

現代物理学の誕生は、物理学上の革命であるが、その影響は物理学の世界のみならず、それまでの人類の叡智が築いて来た自然科学、人間の生き方をも含む哲学にも甚大な影響を与えたのである。

このような点において、"現代物理学の誕生"は単なる「科学革命」よりも「自然観革命」と呼ばれるべきであろうと思われる。

それは、私たち現代人の自然観を根本的に変え得るばかりでなく、科学と技術の精微を究めたと思った現代人の思考を"科学"誕生以前の"自然哲学"の状態へ引き戻したのではないかとさえ私には思える。

## 実在と客観性

　人間的スケールから宇宙的スケールまでを含むマクロ世界では、スケールに関係なく、空間・時間の"枠"が観測とは独立に客観的に存在し、古典物理学が扱う事象は、その"枠"内で起こる物質（物体）の客観的な挙動とみなされた。平たくいえば、観測という操作が観測の対象に何らの影響も及ぼさないという立場に立ったのが古典物理学であり、事実、そのことによって、物体の運動を100％確実に記述できたし、予測することもできた。

　したがって、物理学が対象とするのは"実在"であり、それはまず第一に、個々の人間に特有のものではなく、誰にでも認識できるものである。つまり、"実在"は任意性のない数式を使って論理が展開され得る体系である。また、第二に、その予測と実験あるいは観測結果とをあいまいさなしに比較できるものでなければならない。それだからこそ、物理学においては、このような"実在"に対する実験や観察が重視され、それらで得た結果を"客観的事実＝実在"と認めて、「自然」を「理解」していたのである。事実、マクロ世界においては、正しく行なわれた実験・観察によって得られた"結果"と「自然」とが見事に対応していた。そして、私たちは自然界を観測者とは独立に、そして客観的に存在する"事物"とみなしたのである。

　ところが、量子物理学は"客観的事実＝実在"に大きな打撃を与えた。それは単なる哲学的な打撃ではなく、20世紀の科学と技術が明らかにした実験事実による打撃である。簡単にいえば、「観測される物質は、観測されることによって、その状態を変えてしまう」あるいは「観測という行為は物質の状態を変えてしまう」という不確定性原理が与えた打撃である。古典物理学の基盤、同時に私たちの「常識」でもあった「観測という操作は、観測される事物に何らの影響も及ぼさない」ということが覆されてしまったのである。

　観測というのは明らかに人間の意志による人間の行為である。「観測という行為が観測対象の状態を変えてしまう」ということは、「人間の意志が"自然の状態"を変えてしまう」ということになるのである。これは重大なことである。

　もちろん、不確定性原理が顕著になるのはミクロ世界のことであるから、私たちは日常生活において、個人的な「不確定性」は別問題であるが、実質的な

不確定性の心配をすることはまったく不要である。つまり、現実的生活上、原理的不確定性は観念の問題として済まされるかも知れない。しかし、不確定原理が示す重大な意味は、近代科学がその基本的基盤としていた「自然は、観測とは無関係に存在する」という「客観性」に対するきわめて痛烈な反論なのである。

## 絶対時間・絶対空間の否定

　紙幅の関係で本書では触れなかったが、もう一つ、20世紀の自然観革命で重要なのはアインシュタインの特殊相対性理論が明らかにした「絶対時間」、「絶対空間」、そして「同時性」の否定である。

　常識的に、日常感覚で考えれば、時間も空間も、誰がいつ、どこにいようが、誰にでも共通の、絶対的、普遍的なもの思える。だから、ニュートンは、これらを絶対時間、絶対空間と呼んだのである。また、ある場所で、ある事象、たとえば飛行機の墜落というような事故が起きたとすれば、時差を考慮した時刻は異なっても、その事故が起きた時間は世界中の、あるいは宇宙中の誰にとっても同じ時間のはずである。

　ところが、アインシュタインは「ニュートン物理学」の基盤であった絶対時間と絶対空間を否定し、その結果「同時性」をも否定したのであるから、これは、日常的な感覚でいえば、量子論以上の「自然観革命」といえるだろう。

　この特殊相対性理論の理解が簡単ではないのは事実であるが、先入観を棄て、一歩一歩筋道立てて考えていけばそれほど難解なものではない。ぜひ理解したいと思われる読者には章末に掲げる参考書3を読んでいただきたい。

## 因 果 律

　すべての現象の結果には必ず原因があるはずである。ニュートンの運動方程式によれば、一定の初期条件（原因）を与えれば、結果としての運動はただ一通りに確定する。私たちがすべての原因を認識あるいは理解しているとは限らないが、結果には必ず原因があり、厳密にいえば、一つの原因からは一つの結果しか出て来ない、これを**因果律**という。因果律は物体の運動に限ったことではない。人間社会、その歴史的変動を含む森羅万象のすべてにいえることだろ

う。

　物理学において、因果律が成立するための条件は、すべての粒子の初期条件（ある瞬間の粒子の位置と運動量）が完全にわかっていることと、粒子間の衝突の結果が100％正確に予測できることであった。量子物理学が出現するまでは、このような因果律に疑問を挟む余地はなかったのである。

　ところが、ミクロ世界においては、不確定性原理によって、結果は確率的にしか決定されない。つまり、因果律は成り立たない。ミクロ世界では、人間による観測の結果は理論によって確定できず、確率的にしか予言できないのである。

　量子物理学が求める"実在"、"客観性"の再考とともに、この因果律の破綻は、私たちの自然観に革命的再考を求めるものであった。さらに、相対性理論は、時間や空間が、それを観測する者によって、あるいは状況によって変わる相対的なものであることを主張している。

　量子物理学の構築に多大の貢献をしたハイゼンベルグ（1901-76）は「われわれは自然科学が人によって作られたものだという事実を無視することはできない。自然科学は単に自然を記述し説明するものではない。それは自然とわれわれとの間の相互作用からできるものである。それは、われわれの問いの方法にさらされたものとしての、自然を記述する。（傍点筆者）」と述べている。

## 相　補　性

　20世紀に自然観革命をもたらした相対性理論がほとんどアインシュタインという一人の天才によって確立されたのに対し、量子物理学は幾多の若き天才物理学者によって創出され、21世紀初頭のいまも発展しつつある。量子物理学という金字塔の中でカリスマ的指導者と呼ぶべきデンマークのボーア（1885-1962）が果たした役割は甚大である。ボーア自身の具体的な功績の中で特筆すべきは、私たち自身の"世界"を理解する上で強力な指針と思われる**相補性**の原理である。

　たとえば、前述の「ミクロ世界の不確定性」を思い出していただきたい。自然を、位置（$x$）を媒体として表現することも、運動量（$P$）を媒体として表現することも可能である。しかし、両方同時に正確に行なうことはできない、とい

うのがミクロ世界の原理的な不確定性であった。片方の確定性が増せば、同時に他方の不確定性が増してしまうのである。ボーアは、このような両者を相補的と呼ぶ。

ミクロ世界の粒子性と波動性の二重性に顕著に示されるように、相補性の原理は対立概念を超越する考え方である。粒子性と波動性自体は互いに対立する概念ではあるが、ミクロ世界の粒子の同一の"実在"を相補的に描写するものである。

この相補性の概念は20世紀における量子物理学の確立過程で明らかになったのであるが、じつは「対立概念は互いに相補的な関係にある」というのは、2500年も前にシナで明らかにされていた陰陽思想の真髄である。古代シナでは、対立概念を「陰」と「陽」で表わし、この両者の相互作用をすべての自然現象、すべての社会現象、すべての人間活動の本質とみなし、「陰」と「陽」は相補的であると論じた。相互作用する「陰」と「陽」の性質は、図8.9に示す太極図に象徴的に表わされている。太極図には、「陰（黒）」と「陽（白）」が対称的に描かれているが、その対称性は静的なものではなく、常に回転する躍動的なものである。

対立する二つのものに相補性を見出すのは陰陽思想のみではない。インド哲学・仏教思想、総じて東洋思想の「一如」、「不二」、「衆縁和合」はいずれも「相補性の原理」と考えてよいだろう。

ボーアは、彼が提唱した相補性の原理と東洋思想とりわけ陰陽思想との類似性をよく理解していた。ボーアがノーベル物理学賞を受けたのは1922年であるが、それから四半世紀後、ボーアはデンマーク政府に科学分野における輝かしい業績が認められ、ナイト爵に叙せられた。その時、求めに応じて作成した紋章の中央に太極図を配したのはきわめて象徴的である。その太極図の上にはラテン語で"CONTRARIA SUNT COMPLEMENTA（対立するものは相補的である）"と書かれている。

図8.9　太極図

＜さらに理解を深めるための参考書＞

1. ファインマン、レイトン、サンズ（砂川重信訳）『ファインマン物理学Ⅴ 量子力学』（岩波書店、1979）
2. 志村史夫『したしむ量子論』（朝倉書店、1999）
3. 志村史夫『アインシュタイン丸かじり』（新潮社、2007）
4. 志村史夫『人間と科学・技術』（裳華房、2009）

# 事項索引

### アルファベット・ギリシャ文字

N極　135
$n$倍振動　58
S極　135
$\alpha$線　122
$\alpha$粒子　122
$\beta$線　122
$\beta$粒子　122
$\gamma$線　122

### 和文

■あ行

アイソトープ　121
青いガラス　83
青い空　85
赤い花　84
アクアマリン　104
朝日　86
圧力　19
圧力鍋　97
アメシスト　104
アモルファス　99
アモルファス金属　99
アルミナ　104
アンドロメダ星雲　69
アンペア　133
イオン　91
イオン結合　96
位相　42, 52, 59
位相差　63
位置エネルギー　113, 149
1カロリー　119
一如　159
一般相対性理論　155
色　67, 78, 82
陰　159
陰イオン　95
因果律　157
インド哲学　159
陰陽思想　159
引力　96, 120
ウェイビング　50

宇宙　143
宇宙空間　82
宇宙ステーション　31
宇宙物理　155
宇宙遊泳　32
ウラン　122
ウラン235　123
ウラン238　122
ウンウンオクチウム　91
運動　11, 17, 105
運動エネルギー　98, 114
運動の勢い　21
運動の第一法則　17
運動の第三法則　18
運動の第二法則　18
運動方程式　18
運動量　21, 150
エアーポケット　34
エーテル　71
液晶　100
液晶ディスプレイ　100
液体　96, 98
エネルギー　83, 105, 107, 148
エネルギー・質量等価理論　155
エネルギーの塊　148
エネルギー変換　108
エネルギー保存(不変)則　110
エネルギー保存則　115
エメラルド　104
円運動　45
塩化ナトリウム　95
円形波　49
遠心力　121
円錐　81
鉛直投げ上げ運動　29
鉛直面　44
エントロピー　111, 112
オーム　134
オームの法則　134
音　47, 55, 68
音の3要素　55
重い元素　121, 122
重さ　16

音源　65
音速　60
温度差　132

■か行

カーボン・ナノチューブ　101
回折　62, 72
化学エネルギー　108
科学的態度　1
化学反応　93
核エネルギー　121
拡散反射　73
角振動数　42
角速度　36, 42, 46
核分裂　123
核融合　124
核融合発電　124
核融合物質　124
核力　121
影絵　67
化合物　100
重ね合わせの原理　59, 63
可視光　73, 76, 83, 87
加速　14
加速器　91
加速度　5, 14, 150
楽器　56
価電子　93
火力発電　109
軽い元素　121
感覚　83
感覚細胞　83
環境問題　2, 105
干渉　59, 63, 70
干渉縞　70, 152, 154
慣性の法則　17
観測　156
乾電池　139
気圧　20
気体　96
軌道　92
基本音　58
基本振動　58
基本単位　7

客観性　157, 158
客観的事実　156
吸収　87
球面波　49, 62
共有結合　94
局在性　152
空気の圧力　55
クーロンの法則　132
クーロン力　121
クオーク　89
屈折　62, 72, 73
屈折角　74, 78
屈折率　75, 81
組立単位　7
クラーク数　102
グラファイト　101
グラフェン　101
クリプトン　123
ケイ素　92
結果　157
結合手　93
結晶　99, 103
結晶構造　101
月食　67
ケルヴィン　117
原因　157
原子　89, 120
原子核　89, 120
原子核（原子力）エネルギー　108
原子の結合　93
原子爆弾　121
原子番号　91
原子密度　145
原子力発電　109, 121
減衰振動　41
元素　91
減速　14
現代物理学　155
弦の振動　58
コイルバネ　47
鋼玉　104
光子　71
光線　78
光束　79
光電効果　71
光電子　71
光年　69

鉱物　102
交流　139
黒煙　101
国際単位系　7
固形石鹸　112
コサインカーブ　42
固体　96, 98
古典物理学　90, 121, 144, 155
古典物理学的原子モデル　90, 151
弧度　36
弧度法　35
コランダム　104

■さ行

最低温度　117
雑音　57
サファイア　103
作用反作用の法則　18
酸化　100
酸化アルミニウム　104
酸化クロム　104
酸化チタニウム　104
酸化鉄　104
三重水素　122, 124
酸素　100
三相　97
三態　97
散乱　85
磁荷　135
磁界　136
紫外線　126
磁気　75, 129, 135
磁気力　9, 135
思考実験　68
仕事　105, 134
仕事の原理　108
仕事量　106, 108
磁石　129
地震　54
視神経　83
指数　5
自然エネルギー　125
自然界の三大法則　112
自然観　143
自然観革命　71, 155
自然数　4
実在　156, 158

質点　18
質量　16
質量・エネルギー保存（不変）則　111
質量保存（不変）則　111
自動水洗装置　66
磁場　76
シャルルの法則　116
衆縁和合　159
周期　35, 41, 52
周期律　92
周期律表　92
収縮　98
重水素　122, 124
集団効果　153
周波数　42, 53, 76
自由落下　24
重力　9, 16, 26, 28
重力加速度　9, 16, 26
ジュール　120
出射光　80
常圧　97
常温　97
衝撃力　21
上下振動　50
初期条件　158
食塩　95
シリコン　92
磁力　76
磁力線　135
真空　68
人工衛星　31
人工元素　91
振動　39, 45, 48, 71
振動数　42, 53, 60, 71, 78, 148
振幅　41, 54
水位差　132
水晶　104
水素　100, 122
水素の核融合　124
水素爆弾　125
水滴　79
水流　132
水力　109
水力発電　109
スカラー　12
スネルの屈折の法則　75
スリット　63, 69

索 引

正孔 134
正四面体構造 94
整数 4
正電荷 95, 130
正・負の概念 5
赤方偏移 66
斥力 96, 120
摂氏温度 117
絶対温度 116
絶対空間 157
絶対時間 157
絶対零度 117
疎 47
相対性理論 155
相補性 158
速度 5, 12
速度測定装置 66
疎密波 47, 52, 60, 68
素粒子 89, 143
素粒子論 155

■ た 行

タービン 127, 140
大気圧 20
大気層 20, 86
太極図 159
ダイヤモンド 100
ダイヤモンド構造 101
太陽 111
太陽エネルギー 124, 125
太陽光 69
太陽光線 78
太陽光発電 109, 127
太陽電池 127, 139
多結晶 99
縦波 54
縦揺れ 54
谷 47
ダブルスリット 152
単位 6
単結晶 99, 103, 145
炭酸同化作用 100
単振動 10, 42, 44
炭水化物 100
炭素 100
単振り子 43
力 17
蓄電池 139

窒素 100
中性子 89, 90, 120
頂角 81
直線波 49
直流 139
直流電流 127
津波 51
抵抗 133
定在波 59
鉄 124
テトラポッド 94
電圧 133
電位差 133
電荷 5, 120, 129, 135
電気 75, 129
電気エネルギー 108, 109, 127
電気現象 139
電気使用料 134
電気抵抗 133
電気的中性 91
電気力 9, 76, 130
電気力線 130
電源 133
電子 89, 120, 130
電子軌道 151
電子雲 151
電子顕微鏡 99
電磁相互作用 76, 136
電磁波 48, 75, 76
電子配置 92, 93
電磁方程式 138
電子密度 145
電磁誘導作用 127, 136, 138, 139
電池 129
電場 76, 131
電流 127, 133
電力 134
電力量 134
ド・ブロイ波 155
同位体 121
等時性 42, 45
同時性 157
透磁率 136
等速円運動 34, 45
同素体 100, 102
東洋思想 159
特殊相対性理論 155

ドップラー効果 64
トリニトロトルエン 123

■ な 行

鉛 123
波 39, 47, 50
波の定量的記述 52
波の本質 49
二酸化炭素 100
虹 79
虹色 78
2次波 62
二重性 152, 159
二進法 147
ニッケル 124
入射角 72, 74
入射光 80
入射光線 72
ニュートン (単位) 18
ニュートンの運動の三法則 19
音色 56
熱 115
熱エネルギー 98, 108, 115, 140
熱素 116
熱の移動 118
熱の仕事 118
熱の仕事当量 119
熱膨張係数 116
熱容量 61, 119
熱力学の第二法則 118
熱流 132
熱量 119
能力 105

■ は 行

場 76, 130, 135
媒質 48, 60, 68, 71
媒質の変化量 52
白色光 79
バクテリア 100
波形 56
波源 62
パスカル (単位) 19
波長 52, 71, 76
発電 129, 139
発電機 139
ハッブル望遠鏡 69

波動　39, 152
波動現象　62, 72
波動性　71, 153, 154, 159
バネ振動　39, 46
バネ定数　40
波面　49, 62
速さ　11
速さの相対性　13
速さの比較　68
腹　59
波力発電　109
半減期　123
反作用　23
反射　62, 72
反射角　72
反射面　72
半導体　92, 127
万有引力　24, 28
万有引力定数　28
光　67, 76
光エネルギー　71, 108, 126
光の散乱　86
光のスペクトル　78
光の伝播　67
光の本質　69
光の粒子説　69
非結晶　99
比熱　61, 119
標準気圧　20
非連続的　148
不安定な原子　122
ファン・デル・ワールス結合　101
風力　109
不可逆過程　118
不確定性　158
不確定性原理　151, 156
不確定性定数　151
複合音　58
複合波　58
節　59
不二　159
不純物　104
仏教思想　159
フックの法則　40
物質　89, 105
物質の究極　89

物質波　154
物体　89
物体の落下　9
物理量　6
負電荷　130
フラーレン　101
プランク定数　71, 126, 148
プランク長さ　89
振り子　10, 43
振り子竿　45
プリズム　78
振れ角　78
分光　78
分散　80
分子　96
閉殻構造　93, 95
平滑面　73
平衡点　40
平面波　49, 62
ベクトル　12
ヘリウム　124
ヘルツ　53, 71, 78
変位　41
変換効率　127
ホイヘンスの原理　62, 72
崩壊　122
棒磁石　135
放射性物質（元素）　122
放射能　122
放射冷却　61
宝石　102
法線　72
膨張　98
膨張宇宙論　66
放物運動　30
包絡面　62
ホール　134
ボルト　133

■ ま行

マクロ構造　147
マクロ世界　144, 156
マクロ的性質　147
摩擦熱　116
ミクロ構造　147
ミクロ世界　143
ミクロ的性質　147

密　47
未来志向エネルギー　126
無重量状態　34
無重力状態　32
無秩序さ　111
紫水晶　104
メラニン色素　126
網膜　83
モーター　141
物の色　84

■ や行

山　47
有機物　100
誘電率　131, 136
夕日　86
陽　159
陽イオン　95
陽子　89, 120
余弦曲線　42
横波　54
横揺れ　54

■ ら行

ラジアン　36
落下距離　9
乱雑さ　111
乱反射　73
力学的エネルギー　108, 113, 115, 140
力積　22
理想的接触　118
リチウム　124
粒子　152
粒子性　71, 153, 154, 159
粒子の電気的性質　91
量子　148
量子化　149
量子ひも　89
量子物理学　90, 121, 144, 155
量子論　144
ルビー　103
連続的エネルギー　148
六角網　101

■ わ行

ワット　134

# 人名索引

アインシュタイン　1, 3, 71, 111, 121
アリストテレス　1, 71
アンペール　136
エルステッド　136
ガリレイ　1, 9
ケプラー　1
コペルニクス　1

ニュートン　1, 69, 78, 144
ハイゼンベルグ　158
パスカル　19
ハッブル　66
ピタゴラス　9
ファラデイ　1, 137, 141
プランク　144
ヘルツ　78

ボーア　158
マクスウェル　1, 78, 138, 144
モンテーニュ　3
ヤング　69
ラヴォアジェ　69
ローレンツ　1

ゼロからわかる物理

平成 23 年 10 月 30 日　発　行

著作者　志　村　史　夫

発行者　吉　田　明　彦

発行所　丸善出版株式会社
〒101-0051 東京都千代田区神田神保町二丁目17番
編集：電話(03)3512-3264／FAX(03)3512-3272
営業：電話(03)3512-3256／FAX(03)3512-3270
http://pub.maruzen.co.jp/

© Fumio Shimura, 2011

組版印刷・富士美術印刷株式会社／製本・株式会社 星共社
ISBN 978-4-621-08432-8　C0042　　　Printed in Japan

**JCOPY**　〈(社)出版者著作権管理機構 委託出版物〉
本書の無断複写は著作権法上での例外を除き禁じられています。複写
される場合は、そのつど事前に、(社)出版者著作権管理機構(電話
03-3513-6969、FAX 03-3513-6979、e-mail: info@jcopy.or.jp) の許諾
を得てください。